恐れ入りますが
50円切手を
お貼り下さい。

POST CARD

1 0 2-8 4 3 1

東京都千代田区
三番町6-1
株式会社エンターブレイン
ホビー書籍部

まんぷく遊々記 係

アンケートにご協力ください

フリガナ						
氏名						
年齢	歳	性別	男・女	職業		
住所	□□□-□□□□		都道府県		市区郡	
電話番号						
E-MAIL						
本書をなにでご存じになりましたか	❶書店(店名:) ❷広告(掲載誌名:) ❸雑誌(誌名:) ❹知人の紹介 ❺その他( )					
購読している雑誌						

まんぷく遊々記

本の評価

	良い ← 普通 → 悪い		良い ← 普通 → 悪い
表紙	5　4　3　2　1	本の装丁	5　4　3　2　1
本の価格	5　4　3　2　1	本の内容	5　4　3　2　1

本書をお買い求めいただいた理由をお聞かせください

好きな作家や作品、ブログなどがあればお教えください（いくつでも）

その他、ご感想などご自由にお書きください！

ペンネーム（　　　　　　　　　　）

※お寄せいただいたコメントを弊社媒体で掲載させていただくことは可能ですか？
よろしければイエスかノーかどちらかに○をつけてください

Yes.　　No.

ご協力ありがとうございました

まんぷく遊々記

片倉真二

こんにちは
片倉真二です
ゲームの原画や
イラストレーターなどを
生業として生きています。
さて皆さん
むふん
ゲームの原画家とは
普段どのような
事をしているのか
ご存知でしょうか。
まずはゲームの
キャラクターの
絵を描きます。
しこ
しこ

次の日も同じようにゲームのキャラクターの絵を描きます。
しこしこ
その翌日は予定になかった宣伝用の絵を広報にねじ込まれて描いたりします。
しこしこ
翌週もそのまた翌月も一日中机にかじりついて絵を描き続けます。
うわああああ!!

こんな毎日を繰り返していたら当然ミイラ化。
ジャー
かぴ
かぴ
よって時々散歩や旅行に出かけます。
仕事場は浅草なのでイベントが頻繁に行われています。
雷門
浅草を歩いてるだけでその歴史や美味しい店などに詳しくなり
いつのまにか浅草博士だ。
浅草寺は一
2人の漁師が川から観音様を見つけてー
場所柄、外国人観光客に声をかけられる事もしばしば。
ワンハンドレッドショッププリーズ
その店はつぶれたよ
ワンハンドレッドショップクローズド

気晴らしに旅行に行く事も多くなった。
ゴロゴロ
そして浅草、新潟北海道、出雲など
ドーン
現地に行かないと味わえない生の体験を色々とさせてもらった。
おおー
せっかくだから日記をブログで漫画にしてみたら？
うん
そしてブログで漫画日記をはじめたら
しこしこ

エンターブレイン様のご提案により書籍化する事に。
本にしましょう
という訳でこの本は地元浅草や旅行記はもとより
浅草
みんなの知らないゲーム会社での日常などを盛り込んだなかなか盛り沢山な内容となりました。
北海道
わー
ゲーム会社
出雲割子そば
そんな本です。
よろしくお願いします。

登場人物紹介

片倉真二▶

ゲーム原画家。旅行好き。
明太子とカツ丼と
お刺身が大好き。

◀嫁

嫁。旅行好き。
カンペキ主義でだらしない俺には
厳しく厳しくあたる。

揚げニンニク

▲お義母さん三姉妹

嫁の母とその姉妹。みんな同じ顔なので区別がつかない。

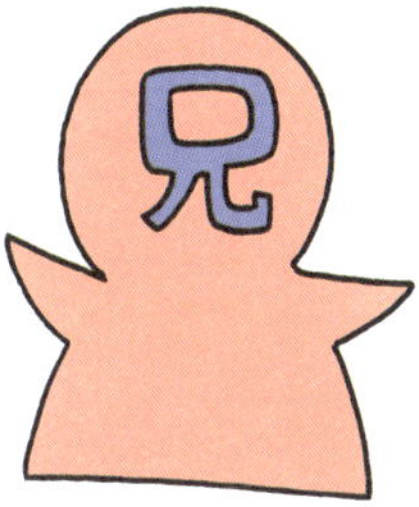

▲兄

兄。俺が21歳の頃、実家の静岡から上京するきっかけになった人物。

▲バンブー

前職のゲーム会社の社長。10年以上の腐れ縁。自称ミュージシャンでもあるらしい。

◀岡さん

ゲームグラフィッカーの大先輩であり師匠。大切なことを山のように教わった。男前。

どぶろく

焼ほたて

もくじ

ほっ
ほっ
あーん!!

一章 まんぷく浅草

日常

仕事場が浅草寺の近くにあるので
風雷神門
息抜きをしたくなったらとりあえず浅草寺に来る。
浅草寺は観光のメッカなのでとにかく外国人が多い。
배떴다ー!!
累了ー!!
道を歩けば英語中国語、ハングルが飛びかう。
今日はマツモ○キヨシで万引きした中国人が捕まっていた。
マツモ●キ
はい盗んだの出して!
何者かによって教えられた日本語を叫びながらねり歩く白人観光客。
ウンコー!!
ウンコー!!
いつもの浅草の日常だ。

浅草では三社祭浅草カーニバル花火大会と季節の行事がもりだくさんだが
出社する方は大迷惑でしかない。
会社
わっしょい
わっしょい
わーー!!
会社が遠ざかるー!!
ずもももも

外国人観光客

浅草は観光地なので
しょっちゅう外国人に
助けを求められる。
スミマセーン
MAP
でかいリュック
ジャコツユー
ジャコツユー
オーケー
ジャコツユ
旅先で困るのは
どこの国でも
お互い様なので
困ってたら
地元民として
バンバン
教えてあげたい。
蛇骨湯
オー
ジャコツユ!
外国人は
回転寿司も
大好きだ。
浅草の寿司屋に行くと
大抵外国人が
食っている。
ウィーン
オイシイー
中でも白人さんが
好きな寿司は
サーモン
イクラ
彼らは意外と器用に
ハシを使い
イクラの軍艦の
イクラだけを
醤油に浸し
それだけ
食べる。
教えたい!
オイシイー
教えたい!

うんこビル

浅草名物と言えば
雷門
スカイツリー
雷門
それと
スーパードライホール
通称うんこビル。
このビルはフランスの有名デザイナーが設計したものだが
何故うんこ状になってしまったかは理由がある。
最初はこのように直立させる予定だったらしい。
もえさかる黄金の炎!!
ほとばしる情熱!!
それが消防法やら建築法でお役所にストップをかけられてしまい
角度がどーのこーの!!
法的にどーの!!
結局現在のうんこ状に落ちついた。
浅草吾妻橋ではスカイツリーとうんこが同時に撮影できるポイントなので
スカイツリーが
うんこが
観光客に大人気のカメラスポットだ。
ちなみにこのビルの名前を一般公募した際圧倒的トップが『うんこビル』だったらしいが
それが黙殺された事を責めてはいけないよ。
だってうんこじゃさあ
わかってやろうぜ

翁

浅草は観光地なので食い物屋もやや高い店が多い。
天ぷら
そば
名店
天ぷら、洋食、そば有名店は多いが、毎日の昼食だとしんどい。
よく行くのは、浅草の路地裏にあるソバ屋の『翁』
もりそば400円！
伝統のツユは濃厚で自家製のソバも良く地元民御用達だ。
そんなある日相席になった人が
もり
かけ
たぬき
花まき
きつね
ウェーブの黒髪
彫りが深い顔立ち
なんとなく食い方が不器用
中東辺りの人だろうか
ずずっ
ガイドブックにも滅多に載らない『翁』に来るとはなかなかだ。
これは地元民として親切にせねば
すいませんお茶を一杯
あと、こちらの男性にも
？
ああ、すいませんありがとうございます
ただのソース顔の日本人だった…
カーッ
ぐでー

富士そば

俺は、富士そばのカツ丼を浅草で一番愛している男
名代
富士そば
俺が富士そばのカツ丼の理想的食い方を伝授する
ズズッ…
絶妙なとろけ具合のときタマゴ
やわらかいカツ
そばつゆをそば湯で薄めたお吸い物
富士そばカツ丼
450円
しばづけ
まずはお吸い物にワサビを投入
ポチョン
できるだけたっぷりと入れるのがコツだ
もり
もり
好みに応じてそば湯を足しよくかきまわす
パラッ
ぐり
ぐり
それと同時にカツ丼には七味も忘れるな。

おすもうさん

浅草は両国の近所なので、よくおすもうさんが歩いてる
大きな体にびんづけ油でマゲをビシッと決めた浴衣のおすもうさんは
歩いてるだけで絵になりかっこいい。
時々デートしてる
おすもうさんの頂点はやはり横綱。
横綱になる条件は秀でた心・技・体
中でも心が一番重要なのだそうだ。
今日もたくさんのおすもうさんが稽古で技と力を磨き上げ
横綱を目標に国技を担う品格を高めているんだ。
ウイーン
そんなある日近所のゲーセンに入ったら
ゲーム
ゲーム
おい、この台全然出ねーな!
ガン
ガン
スロットマン
よう鉄拳やろうぜ
新しいの入ってるからよー
品格・・・

うなぎ色川

病気療養の為新潟から上京した嫁さんのおばちゃんと
いきますよー
雷門
みんな同じ顔
ついでに嫁さんのお義母さんその3姉妹をお連れして浅草寺案内をした。
ドーン
おみくじを引く三姉妹
吉が出たっぞ
私は凶…
クスクス
浅草寺のおみくじは日本で一番凶率が高く37%が凶
ここのうなぎは身が柔らかくて上品な味つけ
うめけなー
うめっそー※
よくある甘ダレではなく甘さを抑え、それでいて旨味もバツグンだ。
じゃあうなぎでも食いますか
はーい
美味い上にあっさりしてて
たとえ歯がなくてもモリモリ食える絶品やわらか
浅草の名店色川
うなぎ
夜は高いので手が出ないがランチタイムはお手頃でいつも大行列
帰りの車中では浅草寺の話など一切出ず、うなぎの話ばかり
うまかったけなー
やわらかくてなー
みごとな食い道楽の家系である。

※うまいぞー

ホッピー通り1

浅草ホッピー通り。
もつ煮
ここは昼から安価で泥酔できる浅草のダメ人間スポットだ。
今にも崩れそうなきったねえ店。
壁にはベタベタと見たこともないビジュアル系アイドルのポスターが貼ってある。
新年早々、社長のベンブーとスタッフのモーリーと突撃。
新年だけあってどこも満席だったがようやく空いてる店だ。
あれ？
もつ煮
ししゃも
イカ焼き
枝豆
もろきゅう
酢だこ
600円均一
あら——いらっしゃーい
ささここ空いてるから座ってちょうだーい♡
なんか高くないか？
均一……
ああ、この店はホッピー通りの中で一番高いんですよ
高い事のメリットは何なの？
店員がおかま。
おまけに泥酔中だ。
3名様ごあんなーい
おかまがいるだけよぉー♡
店員、全部おかまだ。

ホッピー通り2

浅草ホッピー通り。
新年早々とんでもない店を選んだ。
究物語
じゃあケンちゃん歌っちゃうわよー♡
いよーまってました!!
パチパチパチ
店員全部おかま。
すりすり
んもーたくさん飲んじゃってねー♡
テキカクに若い男をねらう
モリモリ
あなたにーあなたにー
あなたにあげるー
完全にロックオンされたモーリー
モリモリ
ドン
ししゃも
すだこ
きゅうり
このシシャモスカスカなんだけど…
この醤油得体の知れない味がする….
あらやだノーパンなの見えちゃった♡
ぱっ!!
出ようか…
うん…
浅草ホッピー通りのケンちゃん。
わー追ってきた!!
まってー
逃げろー!!
彼女は今日も獲物を求めて浅草の一角で営業中だ。

アンケート

先日
仲見世通りで
すみません
TBSですが
ちょっと
アンケートにご協力
ください
今度、失恋ソングの
特集番組をやるんですよ
ああ
そうですか
あなたにとっての
失恋ソングは
何ですか？
槇原敬之の歌
ですかねえ…
18歳の時、彼女に
フラれた時聴いてました
なるほどー
それは
いいですねー
それでは
この中で思い出の
曲はありますか？
彼はおもむろに
リストを出してきた
男女別、5組の
アーティストが
曲名と共に並んだリスト
バーン
どうやら事前に
上位5位まで
固定させてるくさい。
……
この中だと
シャ乱Qしか
知らないんですけど…
それではカメラの前で
シャ乱Qの『シングルベッド』
ですって言ってください
……
みけんに
せいいっぱいの
シワ
シャ乱Qの
シングルベッドです…
どうも
ありがとう
ございました！
テレビ局の
やらせに
つきあわされた。

人力車

浅草名物のひとつは人力車だが
おねーさん おねーさん
人力車で思い出を
おねーさーん
彼らの勧誘は結構しつこい。
浅草に勤め始めは雷門前を通るたびに勧誘されたが
お兄さん お兄さん
雷門
5日もしないうちに見向きもされなくなった。
どうやら地元民の顔はすぐ憶えるくさい
何年も浅草にいると人力車の観光客への説明を通りすがりによく聞くもので
この木は戦災の中唯一生き残った木でー
俺が浅草案内する時活用させてもらってる。
この木は戦災の中唯一生き残った木なんだよ
へー
後輩のフジマル君
このタヌキ通りは大昔この通りに七匹のタヌキが住んでた事に由来してー
ふむ ふむ
とんかつ
このタヌキ通りは大昔七匹のタヌキが住んでたんだよ
へー
バンブー
お前めっちゃ浅草詳しいな
江戸っ子だからね
お前の生まれは静岡だろ

浅草みやげ

浅草仲見世通りでは外国人観光客向けのいかれたアイテムが多い。
根性
大和魂
勝利
ドラゴン
じゃあ、ちょっくら出かけてくるから
はーい
スッ
後はよろしくな
特に笑ったのは日本刀風カサ
こんなの誰が買うんだ
あっは
バサッ
ウィーン
そんなある日会社の傘立てに
ウィーン
なんだろう…
どこかで見たような気が…
買ってる奴がいた。
うちの社長…

ハッテン

近所に行きつけのスーパー銭湯がありよく活用していたのだが
銭湯と言っても源泉かけ流しの温泉
湯ざめがしないの
どうやらそこは有名なホモのハッテン場という話を聞き
やらないか
すごく大きいです…
それ以来しばらく利用をやめていた。
だが最近そこのオーナー会社が変わったらしいので
ホモ対策済みであろうと、久々に堪能する事に。
久々の湯に堪能する事十数分。
なんだろう…
わざわざそんなへりに座って…
で、脱衣所で、ある貼り紙を見つけた。
ふー
男性が男性を盗撮する被害が発生しています。
脱衣所で携帯は禁止!!
変わってなかった。
脱衣所でも猛烈アピールするおじさん

中国人観光客

浅草の外国人観光客で一番多いのは
ダントツで中国人。
画像はイメージです
中
闘
中国人はとにかく道を譲らない。
どんなに道を占拠してようが断固として動かない
中国人と言えば北京オリンピックなんかで見た、観光客の捨てるゴミの山。
マナーに関しては思う所があるかも知れませんが
売店
どいてお守り買いたいの
浅草に来る中国人はそんな事もなくゴミに関してはマナーを守っている。
まあ海外旅行できるのは中国でも一部の富裕層だという事もあるが
やきそば
そのお店に入りたいの
そんな中国富裕層でも一貫しているのは
中華思想
中華
世界の中心
エライ
道いっぱいに広がる中国人観光客団体に押し返されもする。
添乗員も気にしない
中
俺は中国には住めそうもない。
ずぞもももも

すごいぜ寿司

浅草には寿司屋も多い。
汁 100円
ール 500円
ランチは90円で中トロが食える店もあるよ
立ち食い寿司から高級店まで数々あるがもっぱら安い店に行く。
厳選されたとろけるようなウニ
最高の本マグロの中トロ
で、そんな寿司話を某音楽屋のAさんと話してたら
なんだよ、そんな安い寿司食ってんのか
俺が本物の寿司食わせてやるよ
うまい確かにうまい。
俺にはもったいないです
エンリョすんなよー
ただオゴリとはいえ値段が気になって4カンしか食べず
Aさんに連れられたのは上野の高級店
なんでも好きなもん食いなよ
すごいぜ寿司
いわゆる時価の店だ。
帰り際こっそり覗いた領収書の金額
すごいぜ寿司
¥30,000ー
食事代として
こんな店値段が怖くてたのめません…
いいからー今日はオゴリだから
ではウニと中トロを…
おみやげに包んでもらった太巻きは貧乏性なので食えなかった。
それおいしい…?
うんフツーにおいしいよ
フツーじゃないんですよ…

妖精さん

仕事場がある
浅草の駅を降りると
TX
アーケードの手前に
ずっと立ってる
小さい婆さんがいる。
仲店商店街
朝から立ってて
夜遅く帰っても
まだ立っている。
婆さんのファッションは
常に奇抜だ。
今日は頭が
ウサちゃんだ。
先日は
ネコミミだった。
先週は
ウェディングヴェールを
装着していた。
クリスマスイブの日は
何者かにより全身
クリスマスの飾りつけを
されていた。
浅草の妖精さんと
呼んでいる。
仲店商店街

ホームレス

長年浅草にいて気付いたのだが
どうやらホームレスには序列があるらしい。
次に序列が高い人はアーケードにダンボールで寝床を作る権利を与えられる。
OX 宝石
ねるな
みかん
毎日同じ場所に同じ人。どうやらナワバリが決まっているらしい。
浅草のアーケードが開店を始める時間に
AM8:00
浅草
上野
こっちに行く人もいる
秋葉原
彼らは隣町の上野に移動する
彼らはダンボールで実に器用に寝床をこしらえる。
ダンボールを継ぎ足して足をのばして寝れる長さの個室
毛布やラジオも完備
そして20時を過ぎ浅草アーケードが閉店を迎える頃に彼らは帰ってくる
PM8:00
浅草
上野
秋葉原
アーケードには屋根があり風雨をしのげるからだ。
最も序列が低い人はアーケードに入れてもらえない。
しとしと
ぐっしょり
たとえ大雨でもアーケードに場所が余ってても彼らは雨曝しの所で寝る。
で、序列なのだがまず最も序列の高いホームレスは河岸にブルーシートハウスを持っている。
持ち家!
浅草ホームレスの元締めがいるのだろうか
?
この謎は判明次第、改めて報告したい。

合羽橋道具街

浅草合羽橋道具街
キッチン用品ならプロ用まで何でも揃う厨房専門店通りだ。
ニイミ
ほう ほう
肉叩きハンマー…
肉用
鉄のフライパンが欲しいから探してね
家庭からプロまで!
うん
おおっ食品サンプル
食品サンプルは海外の人がよく土産に買っていくらしい。
ややっ!
ねーねー
ねーねー このワイン用ナイフ
もどしなさい
今日はフライパンでしょ
この電動ネギスライス……
今日はフライパンって言ってるでしょ!!!
調理器具は男のホビー心をくすぐる

アユをめざして

浅草はとにかく縁日が多い
三社祭
浅草カーニバル
花火祭 etc
わい
わい
ある日、嫁さんと浅草の縁日に来た
屋台がたくさん出てるねえ
なんか食べようよ
おっ、アユの塩焼きだって
一本くださいな
アユ
アユって初めて食べるけどおいしいね
半分こしようよ
いらないよ そんな不味いアユなんて
ハフ ハフ
?
あたしの田舎はね新潟のジブリみたいな山奥で
天然のアユなんてしこたま食わされたの
今度うちの田舎に来なさい
文明から隔絶された本物の田舎で
好きなだけ天然アユ食わせてやるから
びっ
ふむ
それから数年後 嫁さんの家系の法事で新潟に行く事になった
次回 まんぷく新潟編

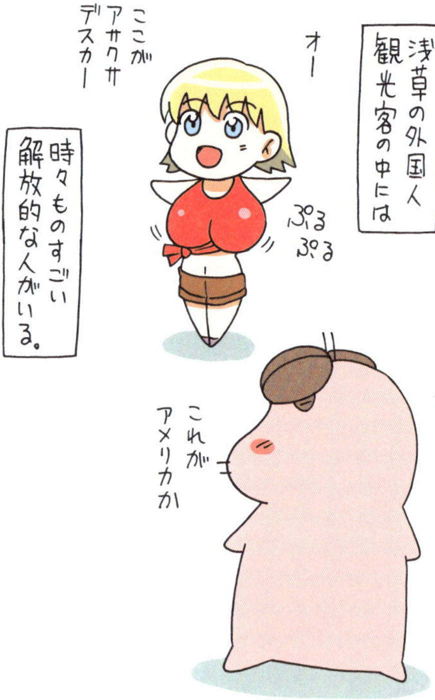

浅草の外国人観光客の中には
オー
ここがアサクサデスカー
ぷるぷる
時々ものすごい解放的な人がいる。
おー
これがアメリカか

二章 まんぷく旅行

新潟北海道編

アユのいる川

新潟県村上市
よく来たけな
嫁さんの伯母さんの家に法事の数日間お世話になる事に
♪
ちゃぷん
やはり携帯は圏外か…
300mくらい先の橋のたもとで電波拾えるよ
それならあきらめます…
透明度の高い綺麗な水
中にはアユやら小魚がもりもりと泳いでた
おばちゃんの家の前には綺麗な川が
アユなんかここでいくらでも取れっぞ
パァァァ
ほれ、これで川の中さ見てみい
水中さ見るガラスさ張ったハコ
いっぺえおるさけ
アユ取るぞー!!
さて都会の子に取れっけ?
クスクス

シュッと

そ〜っ…
ギュン!
取れない…
もっとシュッ!てやるんだシュッ!って
ビシュッ
ビシュッ!
全然取れないんですけど…
音速で逃げる…
だからシュッ!とな シュッ!
そのシュッがわかりません……
あれ?
ぴちぴち
なんか小魚が取れてた!!
うおおおおお
おーそりゃゲンゲだぞ 天ぷらにすっぞ
アユじゃないけどすっごくうれしかった

自力でアユ

新潟の清流は人の手が入っておらずとにかく綺麗
いっしょに泳ごうよ!
私はパス
きゃあきゃあ
バシャバシャ
川で泳ぐなんて何年ぶりだろう
ルンルン♪
ねー見て見て
アユ取ったよ
おっすごいじゃん
ついにシュッをマスターしたね
……
なんかずいぶんしんなりしたアユだね
底の方で横たわってました…
死骸じゃん
すてときなさい

あこがれのアユ

※たくさん食え

ミコキキ

新潟の一部地域にはミコキキという風習がある
また、ある人は
○男が遺産を一人占めしとる!
なんとかしてふれー
まあ簡単に言えばイタコなのだが
先週じいやが死んだけな
散歩ついでに行くけー
おばちゃんの地域の人はレジャー感覚で時々ミコキキに行く
あっ!!じいさんの通帳から勝手に大金引き出されてっぞ!!
○男
ぴゅ〜
ミコキキにより一族大騒動になったりもした
ある人は
家に帰るといつも扉が閉まってて入れねけ
扉…?
あけといてふれー
このように大変ミコキキは評判なんだけど
あんた誰か呼んで欲しい身内の故人いる?
あっ!仏壇の扉ずっと閉めっぱなしだった!
扉ってこれけ!!
何かを聞きたい身内の死人がいなかった
ばあちゃんに元気かって聞いてもな…
死んでるから元気もクソもないし…

念仏まわし

さて、いよいよ法事
親戚一同が本家に集まり独特の風習『念仏まわし』が行なわれる。
念仏まわしとは一族が仏壇の前で独特の歌を歌い
それにより、お遍路を全制覇するのと同じ功徳を得られるという。
で、楽譜がこれ
何が何やら全然わからない……
きいのくにこはかでら……
私もさっぱりわからない……
そんじゃ始めっか
全員、席に座って合唱しろ
親戚一同の合唱が始まる。
カンカン
ふたらくやさしうつなみはみ～
およそ半数の若人は楽譜が解読できずに固まっていた。
ピタッ
めんどくせえさけこのくらいでいいぞ
お遍路の功徳は……
ええっ!?
念仏まわしの風習はこの代で途切れると確信した。

ボタモチ祭り

法事も終わっていよいよ帰宅
おみやげにどっさりと枝豆やら野菜を頂いてしまった。
また来いな
新潟っていい所だったね そのうち移住しようか
おみやげの枝豆でビール
私は絶対イヤ
田舎ならではの素敵なお祭りだってあるんでしょ？
ちょっと検索してみよう
やめた方がいいよ
LaVie
重要無形民俗文化財
ボタモチ祭り
ボタモチ祭りは皆で大きなボタモチを作り神様に供えた後
新入りの若者にどんどこ食べさせます。
若者が食べられなくなったら焼けたスリコギを腹に近づけ
おお へこんだ へこんだ
まだ食える どんどこ食え
ボタモチを限界以上に食わす事を強要し
新たな年の豊作を祈願する行事です。
やっぱりやめようか……
でしょう？

おばちゃんの畑で枝豆の収穫をお手伝いした。
ポイ
ポイ
虫食いの枝豆をていねいに探して捨てるのだが
それでも時々虫入りがまざってる。
かー
口の中が土のにおいでいっぱい
ビール
田舎の枝豆は当たりつきだよ

夏の！！まんぷく大雪山！

それは七月のある初夏の日
突然だけど8月の月末にお母さんと私ら3人で北海道に行くから
準備しといてね
それは素敵な話ですね
宿は登別？それとも釧路？
海沿いじゃないよ
大雪山の山の中
夏の北海道……
大雪山？
200 km
300km
大雪山
300 km
絶品のおすし
ポヤー
こぼれんばかりのウニ丼
ブー
海鮮物
しゅたっ!!
温泉で月見で一杯
とれたてのお刺身
どうして!? どうして夏に大雪山なの!?
タイやヒラメのウニ踊りは!?
もうそこに宿を決めちゃったの
レンタカー借りるから運転手よろしくね

お風呂格差

という訳で金曜の夜に新千歳空港に飛んだ。
ぶぃーん
千歳に前日入りして翌朝から北海道を満喫する計画だ。
ふー
たんまり満喫して部屋に戻ったら
千歳駅近くのビジネスホテルでまずは一泊
安いな!
一部屋七千円2人で泊まっても七千円実にリーズナブルな宿だ。
お義母さん
どうしたの?
男湯は23時までだけど女湯は22時までだった…
仕方ないから部屋の狭い風呂に入ったよ…
なんとビジネスホテルなのに、総ひのき大浴場完備
わーい
時間も22時過ぎで完全一人占めだ。
バシャ
バシャ
へー
ムーン
ムーン
ムーン
ぼくはサウナも堪能しちゃった
明日から本格的に北海道を満喫だ。
だから何よ!!

雄冬のフードファイター

時は8月
それはウニの旬の時期。
ウニー
ウニー
とれたてのウニー!!
ばたばた
大雪山に行く前に俺はどうしてもウニ丼が食べたかった。
という訳でルートを変更。
大雪山
千歳
大雪山に行く前に海沿いでウニ丼を食べる事に。
ちなみに北海道はウニの産地だが北に行けば行く程ウニ丼は安くなる。
2000円
2500円
増毛
千歳
大雪山へのルートを考慮して、増毛町へ寄る事にした。
そして決めたのは増毛のレストハウス
民宿
REST HOUSE
近隣の漁師さんが取ってくるとれたてのウニをウニ丼で出すお店だ。
そして注文はもちろん
ウニ丼
ウニ丼
ウニ甘エビ丼
あこがれのウニ丼を注文している時隣の席では地元の漁師さんが昼食中。
ずずーっ
ずずーっ
海鮮ラーメン
THEフードファイト
3倍!
すり鉢に麺3玉が入った海鮮もりだくさんラーメン。(エビ・ホタテなど)
なんという豪快な昼食
ずびーー!!
これから俺達はこの屈強な漁師達が取ったウニを頬張るのか。

※この辺りは甘えび漁もさかん

ウニ丼

上京したてでド貧乏だった頃
思い切ってウニをスーパーで買ったことがある。
うに 980円
と言っても、もちろん定価ではなく
閉店時間ギリギリで半額どころか200円まで落ちた所で買った。
買ったー!!
生臭くてにがい。
これがウニ?
焼いても臭みは取れなかった。
これが俺にとってウニの初体験だったので
20代の頃は、ウニはにがくて臭くて高いだけのおかしな物体でしかなかった
それはさておき
ドーン
とれたてウニ丼2500円
ねえ聞いて……
ん?
俺は先に死ぬから仏壇には毎日ウニ丼を置いてね…
だめだよ高いから
次にゲーム作る時ヒロインの名前はウニちゃんにするよ…
ふーん
でもアダ名はバフンなんだ…
ふびんな子だね

みんな憧れてたはず

で、本日泊まるのは大雪山山奥のホテル
スキーでもないのに大雪山を選んだ理由は
どうして？
？
私、おサカナより肉がいいの
十勝牛が食べたいの
まあ、いいか この十勝牛上品な味つけだね
あそこでラクレット焼いてくれてるよ
見に行ってみなよ
ラクレット？
ラクレット焼きのコックさんの前にパネルが置いてあった。
ラクレットとは
RACLETTE
ラクレットのおいしい食べ方
おしえておじいさーん
これがアルプスの味なのね!!
あの、あこがれが現実に。
スイスっていい所だね……
いらないならその十勝牛もらうね
さっ
もにゅー

事件発生

翌朝、ホテル周辺を朝のお散歩
空気が美味しくて実にさわやかだね
ねえ これ見てよ…
この近辺でヒグマが目撃されています。子グマと見られ、近くに母グマのいる可能性(大)があります。
そろそろ帰ろうか…
そうだね…
そしてホテルをチェックアウト
朝食の鹿肉美味しかったねー
星も綺麗だったなー
そこで事件は起こった
それはホテルから2キロほど下った山道で
ブォン ブォン
対向車が何かを煽ってる!
ギギギギギ
ブレーキ!!
ドン!
ギャッ!!

陸の孤島

ぴくぴく
エゾ鹿はねた。
概要はこうだ
キキーッ
俺がカーブに差し掛かった時対向車が道路に飛び出したエゾ鹿を煽っていた。
ぶぃんぶぃん
オラオラ
パニックになった鹿は対向車線で停止していた俺の車にダイビングヘッド
ドーン
ブオーン
対向車はそのまま行ってしまった。
ごめんねごめんね!!
とりあえず鹿を道の脇に!!
鹿さん死ぬなー!!
お義母さん瀕死の鹿に蹴られて出血
いてぇ!!
パニックで大あばれの鹿さん
バタバタ!!
とりあえず警察に連絡
すいません鹿はねちゃったんですけど…
場所はどこですかー?
えーと場所は大雪山の山道で…
えっ?よく聞こえませーん
ブチッ!!ツーツー
陸の孤島大雪山
鹿は死にかけ電波も届かず
あたしホテルまで走ってくる!!
ダッ!!
圏外

野生の掟

とりあえずはねたエゾ鹿を路肩に寄せて警察を待つ事に。
キュイ
キュイ
森の手前でこちらを伺う何匹もの鹿たち
見えない森の奥からも、鹿のたくさんの鳴き声が聞こえてきた。
キュイ
キュキュ
キュイ
みんな仲間を心配してるんだねえ
イカクしてるんですよ
お義母さんは車の中にいてください
なんせここはカーブのすぐ先
俺は外で交通整理をしないといけなかった
はーい鹿さんふまないでー
大雪山で死にかけの鹿と俺一人
野生のエゾ鹿達はひたすら森の中でイカクしている
キュルキュル
キュルルルー
ヒグマが目撃されています!!
ぎゃあああ!!
仲間のカタキー!!
鹿の命と俺の命どちらもピンチ
一時間してもまだ来ない警察
早く来てー!!
キュルルルー
キュルルルル
キュルルル
ぶんぶん!!

地元の教え

前回までのあらすじ
むくり
俺の車にダイビングして白目をむいてたエゾ鹿さんだったが
どうやらただの脳震盪だったらしく
もう道路に出るなよー
警戒しながらも自力で山に帰って行った。
おーい！
そして嫁さんと警察も到着。
通りすがりの人に乗せてもらったの
地元カップル
いやあ、こんな山道を一人で歩いてたので
それはどうもご親切に
鹿は起きて山に帰っちゃいました
ああ、野生の鹿は屈強ですからね
車ではねた程度じゃそうそう死にませんよ
地元の人にお義母さんの手当てもしていただいた
そんじゃお気をつけてー
大した事故でもないので警察もすぐ帰っていった。
いやあ、それにしてもはねたのが子鹿で良かったですね
？
大人の鹿だったら車が大破して人の方が死んでましたよ
ぞ〜〜〜
どうやらその手の事故がよくあるらしい。

美瑛へ

鹿のショックを引きずりながら帰りに美瑛に寄る事にした
びくっ!!
動物注意のカンバンにはやたら過敏に
動物注意
よく知らないが手近の刈り取られたばかりの丘を登ってみた
勝手に登っていいのーっ?
自然はみんなのもんだ
美瑛とは広大な土地が丘に花や作物が育てられていて
地平線まで畑がびっしり
CMなどでもよく舞台にされるザ・北海道の大自然だ
そして頂上に登ってみると
おおっ!
ところが、ロクに下調べもせず散策していたので
パッチワークの路ってのがあるはずなんだけど…
マイルドセブンの木はーっ?
木なんかいっぱい生えてるよ
見事なパッチワークの雄大な景色
北海道美瑛の真価がそこにあった
よし、わかったこの丘を登ってみよう!
北海道来て良かったね
おなら出ちゃった
雄大な放屁
ブッ
あんた北海道と私に土下座しなさい

さらば北海道

色々な事があったがようやく帰宅へ
ふー
レンタカーは念の為に一番良い保険に入っていたので修理代ゼロ。
新千歳空港で会社と自分のおみやゲもゲット。
北海道みやゲと言えばやっぱりこれ
カニ
じゃがポックル
まんじゅう
ラーメン
ラーメン
ひもの
飛行機の出発まで時間があったので空港の立ち食い寿司に寄ってみた。
へいらっしゃい!!
たい
トロ
いか
さすがは北海道
あーん
立ち食いとはいえネタはなかなかお値段お手頃い。
腹も満ちたので飛行機を待っていると
ちょっとこれ見てくれる…？
3G
エゾ鹿は害獣です。
捕獲されたら一匹辺り1万円から買い取ります
うーん…
一万円…
最後は少々モヤッとしたがいい旅だった
トドメを刺しとくべきだったか…
ぶりーん
さらば北海道

旅のアルバム 新潟・北海道編

炭火でじっくり焼かれてた天然鮎!! どうやったら一人でこんなに捕れるんだろう。

到着してすぐにお義母さんと２人で鮎捕り。結局鮎は捕まえられなかった。それどころか急流で溺れた。

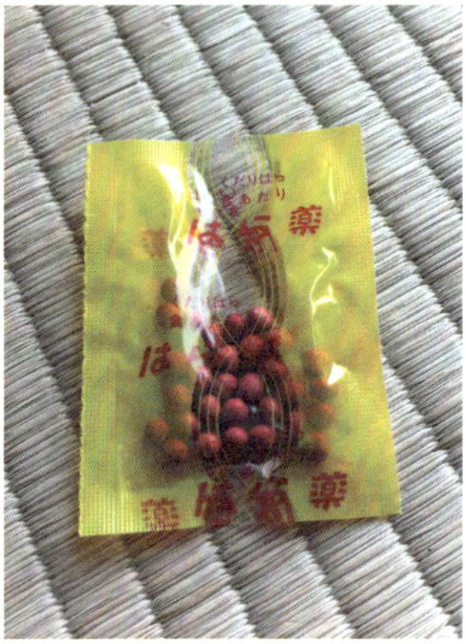

田舎の常備薬のはら薬。嫁さんが到着した日の夜に体調を崩して飲まされていた。すぐ効いたらしい。

都会にはなかなか無い立派な田舎の仏壇。ここにある数点のアイテムは近所の借り物。

美瑛の絶景パッチワークの丘。事故で慌ただしかったから、もう一度行ってじっくり見たいな。

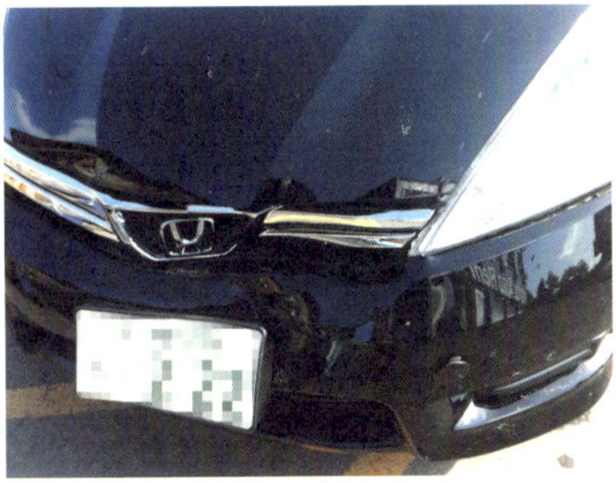

鹿にぶつかった車のフロント。
べっこり凹んでる。
子鹿ですらこの破壊力。野生の鹿強すぎる。

うに丼 2500 円！
お金さえあれば毎日でも食べたい。

夏場に北海道の高速を走ると大量のトンボがカミカゼアタックしてくる。
北海道の雄大さを感じるね
取ってよ!!

三章 まんぷく旅行
出雲編

行先不明の謎旅行

ついに会社員を辞めフリーになった。
年金保険の手続きしてー
営業してー打ち合わせしてーー
だからと言って呑気に暮らせる訳もなくやる事は山積み。
行き先も交通手段も一切教えない
家を出発してもまだ教えないからそのつもりで支度しなさい
ゴゴゴゴ
原稿描く時間をひねり出さないと−!!
ねえ
旅行に行くよ
行先不明
ぐ〜
無人島サバイバル?
雪山で自分を見つめなおす
4泊
ヒュ〜〜
あんたちょっと独立のプレッシャーで心が追いつめられてるよ
4泊5日で旅行するから支度しておきなさい
?
あたたかい所なのか寒い所なのか……
無人島だったらナイフがいるな……
4泊? どこに行くの?
教えない
それ言ったら私あんたに旅行の計画も手伝わせるよ
そして3月31日夜行き先もわからぬまま連行される
水曜どうでしょうじゃないんだからさー
ゴロゴロ
4泊5日の謎旅行のはじまりだ。

まんぷく出雲

そして到着したのは東京駅
では行先を発表します
この電車をごらんください
特急 Ltd. Express
サンライズ出雲
SUNRISE IZUMO
伯備線経由
出雲市
出雲
寝台特急で出雲に行きまーす
寝台特急！
まさかの産まれて初めての寝台特急
足をのばして寝れるー!!
おまけに個室2階室だ
はい、これがシャワーカード
数が無くて人気だから急いで車掌さんから買ってきたよ
パァァァァァ
電車でシャワー!?
どう？ウキウキしてる？
初めての寝台特急ウキウキしてるの？
寝台特急で行くまんぷく出雲スタート

乗客いろいろ

寝台特急サンライズ出雲いよいよ発車。
ガタン
おっと
車窓を眺めながら自分に酔いしれる鉄ちゃん。
はぁー……
プッ
クスクス
新幹線と違い在来線を走るので結構揺れる。
11時間も乗りっぱなしなので、酔い止めがないとだいぶキツイ。
よっ
ほっ
ちょっと隣の車両でトイレしてくるよ
うん
早速東京駅で買った駅弁をラウンジで食う。
並走電車の疲れたサラリーマンを見ながら食う弁当のなんと美味いこと
ホホホ
あんたほんとみみっちいね
ちなみにこの寝台特急には個室の他に、寝台料金のいらない『のびのびシート』という席がある。
ウィーン
リーズナブルで一番人気の高い席らしいが
ふう…
くせえ!!
む～ん
強烈なオス臭さとカラアゲ臭が平気な人は是非ご利用ください。

島根県の予備知識

早朝6時半岡山駅に停車。
むくり
まもなく
岡山ーー
目的地の島根県松江駅はまだ3時間もあるのだが
岡山駅で嫁さんが朝食用の駅弁を注文していたのだ。
どもー
予約しておくと弁当屋さんが車両の前まで届けてくれる。
桃太郎の祭ずし
1000円
とにかく具の種類が多い
味つけはあっさりで女子向け
桃の形の器
見た目よりボリュームはないがあっさりしてて朝食には大助かり。
あーん
寝不足の所にこの酢のしっかりきいた弁当は目を覚ましてくれる。
で、これから島根県に向かいますが、あなたは島根についてどんな知識がありますか？
ぜんぜん
ではひとつ島根のエピソードを教えましょう
一週間前、島根県にはじめてスターバックスがオープンしました。
島根一号店!!
スタバ
キャー!!
トレンディよー!!
それは大変な騒ぎで島根中のナウいギャル達が殺到し
店には数百メートルの行列ができ、地元テレビ局も取材に訪れ
スタバ
島根に革命です!!
島根県のトップニュースとしてテレビで扱われたそうです。
…コンビニあるかな…？
ないかも
コスモス自販機とかあったりする？
コスモス
80年代の雄!!
ちょう現役じゃね？

電車でシャワー

いよいよ待望の電車でシャワー。
カード一枚300円
シャワーカード一枚で6分間お湯が出るシステム。
脱衣所にはドライヤーもあるよ
お湯は6分間出っぱなしではなくボタンを押すと残り時間も止まるので
頭と体を洗っても流すには十分な時間。
揺れてけっこうたいへん
4:35
止
出
シャンプーせっけん完備
ジャー
ややっ!
部屋にタオル忘れてきちゃった
悪いけど持ってきてー
もー何やってんの
3:30
止
出
出口
やあやあすまんね
残り時間はあと3分以上あるし
ルンルン♪
ゆっくりあたたまろう
!?
0:00
止
出
入口の扉を開けると残り時間がゼロになるシステムだった。
寒い!!
寒い!!
出口
これから寝台特急を利用する人は気をつけよう。

松江の足湯

島根県松江駅着
JR 松江
←のぎ ひがしまつえ→
ここを拠点に今日から島根・出雲のまんぷく旅行だ。
島根は観光客の受け入れに力を入れておりあちこちで自転車を貸してくれる。
レンタカー屋とか駅で貸してくれる所もある。
普通の自転車で一日300円
電動アシストで一日500円
(電動は身分証が必要)
せっかくなので電動アシスト自転車でゴー。
電動はじめて
フル充電で35キロくらい走るので松江市観光だけなら十分。
うおおすっごく軽い!!
電動アシストすげー
坂道でもめっちゃ楽に進む!
すいー
松江探険中に松江しんじ湖温泉駅前で無料の足湯を発見
地元の人もたくさん浸かってた
足湯横に立ってるお湯かけ地蔵様にも感謝のお湯かけ
お昼ごはんは割子そばにします
島根県の名物なんだよ
へー
こんな無料足湯が松江には2か所もある
でも、もうちょっと浸からせて
うちの近所にもほしいね
松江の足湯まんぷく度星5つ。

割子そば

一般的に、そばと言えばこのスタイルだが
島根のそばは割子そばが一般的だ。
わさびをきかせてずずっとね
食った後のダシ汁はまた次のそばにかける
ときタマゴもそばと合うんだね
地方独特のルールがまた新鮮だ。
小判三味そば（割子そばのデカい版）930円
そば湯
薬味
ときタマゴ
山菜
とろろ
素
ちなみに私は島根のそばの食べ比べをしたいので夕食もそばになります
ふむ
一枚のそばに薬味をたっぷり乗せ
その上からダシ汁をかけまわすスタイル。
明日の昼食も明日の夕食もそばです
えっ？
あさっての昼食もそばになります
具が多いのにどれも邪魔しないね
うんガツンとは来ないけど味が調和してる
おそば以外も食べたいんですが…
そば
世界の山ちゃん
王将
それなら世界の山ちゃんか大阪王将か割子そばか選びなさい
その三択しか許されないの？
島根で王将・・・・

懸賞金 500 万

松江城
島根のランドマークたるこの城が今日のメイン観光だ。
オリジナルの資料がまったく無いんですよ
元と同じ形にしないと文化庁がお金出してくれないんです
なるほどテキトーに作っても仕方ないですしね
松江城の観光案内所でガイドさんをお願いする。
よろしくお願いしまーす
ここのガイドさんはボランティアなので料金は施設の入場料のみ。
で、あちこち探したんですがついに懸賞金が出まして
当事の設計図か写真があれば500万円を出す事に
では行きましょうー
松江城天守閣は重要文化財で日本で高さは3番目です
ドーン
500万
で、ここが正門跡です
復元工事をしたいんですが文化庁の許可がおりなくて
なんでですか?
その後は500万円ばかり気になって説明が耳に入らず
今すぐ神田辺りの古書通りでさがしたい…
こちらが
ないよ
みんな、松江城の正門写真ひとつで500万円だ押入れを今すぐさがせ!!

松江城

松江城の天守閣に登ってみた。
ヒャッハー
全国3番目の高さを誇るだけあって松江市が一望だ。
でも城ってのは住むには不向きですね…
階段急だし…
ここは実戦重視の城ですからね
お殿様も別の屋敷に住んでましたよ
ちなみに大昔国の指示で全国の城の売却命令があったらしく
180円
松江城
80円
ひめじ城
その時、一番高値をつけたのがこの松江城。
理由は城の部品に鉄を使っていたから。
もったいねー
昔は文化財の意識が希薄で、解体して焚き木とかにしちゃったとか。
あっ、あそこに鎧着たんがいるよ
あっ…!あれは…!
あの人は時々ボランティアでああやって座ってるんですよ
一緒にお写真撮りますか…?
いやいいです
言葉を濁した…
さー次はー
もしかしてただのマニアか?
お写真いいですか?
もちろんさ

ラーメンホテル

初日の観光も終了し ホテルへ。
ドーミーイン
ビジネスホテルだがこのホテルを選んだのは理由がある。
この系列のホテルは全てこの夜鳴きラーメンのサービスをしており
できましたー
夜鳴きラーメン
新婚旅行の時たまたまこの系列ホテルに泊まってから、以来ずっとこの系列店を愛用してる。
まずは価格
2人分の朝食券までつくんだぞ
なんとセミダブル室に泊まったら2人で一泊七二〇〇円
ここは無料洗濯機も完備
乾燥は別料金
連泊にはうれしいビジネスホテルだ。
ウイーン
そしてなにより
ホカホカ
明日は早いからさっさと寝るよ
早く寝巻きに着替えちゃいなさい
21時半から食堂でラーメンの無料サービスをやっているのだ。
醤油のいわゆる東京ラーメンで夜食にはぴったり。
ずずー
嫁さんの名前で予約したので、どうやら母子家庭だと思われたらしい。
子供用ねまき…
ZZZ
子供用

けがれ

島根県2日目は出雲大社
雨すんぜん
出雲大社
今回の旅のメインイベント日本を代表するこの神社で商売繁盛のご祈祷をしてもらうのだ。
出雲大社は松江から電車で1時間
松江駅の一畑トラベル営業所で買えるよ
3日乗り放題で3千円
一畑電鉄や市営バス等が乗り放題のチケットがとてもおトク。
※JRは除く
出雲大社でもガイドさんをお願いした。
一人500円
はっは
なんでも教えちゃうよー
神社や歴史文化の所はガイドさん必須である。
おおっ、参道がちょー長い!!
はっは
なんせ日本一の神社ですからねえ
出雲大社は島根のジマンよ
参道の途中小さな社が
ここは祓社です（はらいのやしろ）
出雲大社にお参りする前にここで今までのけがれを祓うんですよ。
今までのけがれ
パンパン
出雲大社は柏手4回
パンパン
悪い事を全部謝ってすがすがしい気持ちで大社に参拝する為の社だ。
子供の頃母ちゃんのサイフからお金盗んでごめんなさい
学生の時他人のノートに自分の表紙をぬいつけて提出してごめんなさい
近所のお墓から賽銭盗んで駄菓子買ってってごめんなさい
兄ちゃんのおスシにワサビたんまり入れた事と
学校に内緒でバイクの免許取ってそれから、えーと…
あんたけがれっぱなしだね

大社あれこれ

出雲大社とは10月になると日本中の神様が集まり
こんな感じか?
どんな内容か知らんが神様達が会議をする神社らしい。
出雲大社
で、なんでここに神様が集まる事になったんですか?
それがよくわかってないんです
はっは
色々な説があるんですがね
ちなみに出雲大社は現在60年に一度の修復工事中で
今は神様御仮殿に仮住まいちゅう
修復が終わる5月にはお祭りとなり、たいそう観光客が集まるそうな。
神社の屋根が全てヒノキの皮を重ねて作られており
すんごいぶ厚いの
集めたヒノキの皮64万枚
総工費80億円
5年がかりの大修復プロジェクトだったらしい。
まあ今でこそ出雲大社周辺も賑わってきましたがね
数年前までは周りの街がさびれて困ってたんですよ
出雲大社に参拝する人はだいたい車で来て神社の駐車場に車を停めちゃいます。
出雲大社
駐車場
ぶいーん
街
で、参拝が終わったらさっさと車で帰っちゃうので
出雲大社
ぶいーん
おーい…
儲かるのは神社ばっかりで街はさびれる一方です。
で、神社の駐車場をぶち壊せと、地元と大いにもめてもめてもめて
今は街にもデカい駐車場こしらえて改善したんですが
はっは
日本一の神社なのに地元とはしょっぱい確執があるようだ。

出雲大社

で、いよいよ出雲大社
名物のぶっとい締め縄がお出迎え。
うひょー
せっかく神々の国に来たので、御朱印帳を始める事にした。
御朱印とは、神社を参拝した証として、その神社の印章をいただくのだ。
スタンプラリーって言ったらおこられるぞ
御朱印の値段はお気持ちと言われたらだいたい300円
神社によっては金額が決まってる所もあるので気をつけよう。
神主さんが書いてくれる
やったあ最初の一ページ目に出雲大社
一ページ目でぐっと締まったね
そして出雲大社神楽殿の大注連縄
長さ13.5メートル重さ4.4トン
ドーーン
うわーすっごい
この縄にお金はさんだら縁起がいいって聞きました
あー、そうそうよくそう言われてるけどね
ほら見てくださいい縄の所に金網張ってあるでしょう
これって観光客がお金はさめないようにしたんです
実はあれ、どっかのガイドブックが創作したデマなんですわ
はっは
縄からお金落ちてふんづけられたらご利益もクソもー
どこの出版社だー!!

嫁のこだわり

いよいよ神楽殿で商売繁盛のご祈祷をお願いする。
これからフリーとして大成する為に日本一の神社で祈祷してもらうのだ。
ところが
うーん…今日は団体さんでいっぱいでして
個人の方はあちらの仮拝殿が早いですよ
やんわりと断わられた。
こっそり予約表を覗いたら団体客でびっしり
どうやら神楽殿は団体客のみ受け付けてるくさい。
11時 ○○ツーリスト 50名
12時 ○○ツーリスト 40名
1時 ○○ツーリスト 60名
2時 ○○ツーリスト 40名
3時 ○○ツーリスト 50名
平日だぞ
で、言われた仮拝殿を覗いてみた。
見た目はそれっぽくしてある
プレハブみたいな安っぽい作りで、中にはパイプ椅子が並んでる。
うーん…個人はこっちか… まあ団体優先なのは仕方ないかな…
こんな所私は絶対イヤ
せっかくはるばる出雲大社まで来たんだよ
ふむ
これからの商売繁盛の祈祷をするのに私は妥協したくない
嫁
一回昼食を取ってあとでもう一度お願いしよう
私はなんとしても神楽殿で祈祷したい
という訳で一度昼飯を食ってから再度神楽殿にお願いする事にした。
昼メシどこで食うの一?
ついて来なさい
出雲大社の神楽殿はたして個人で行けるのか?

至福のカツ丼

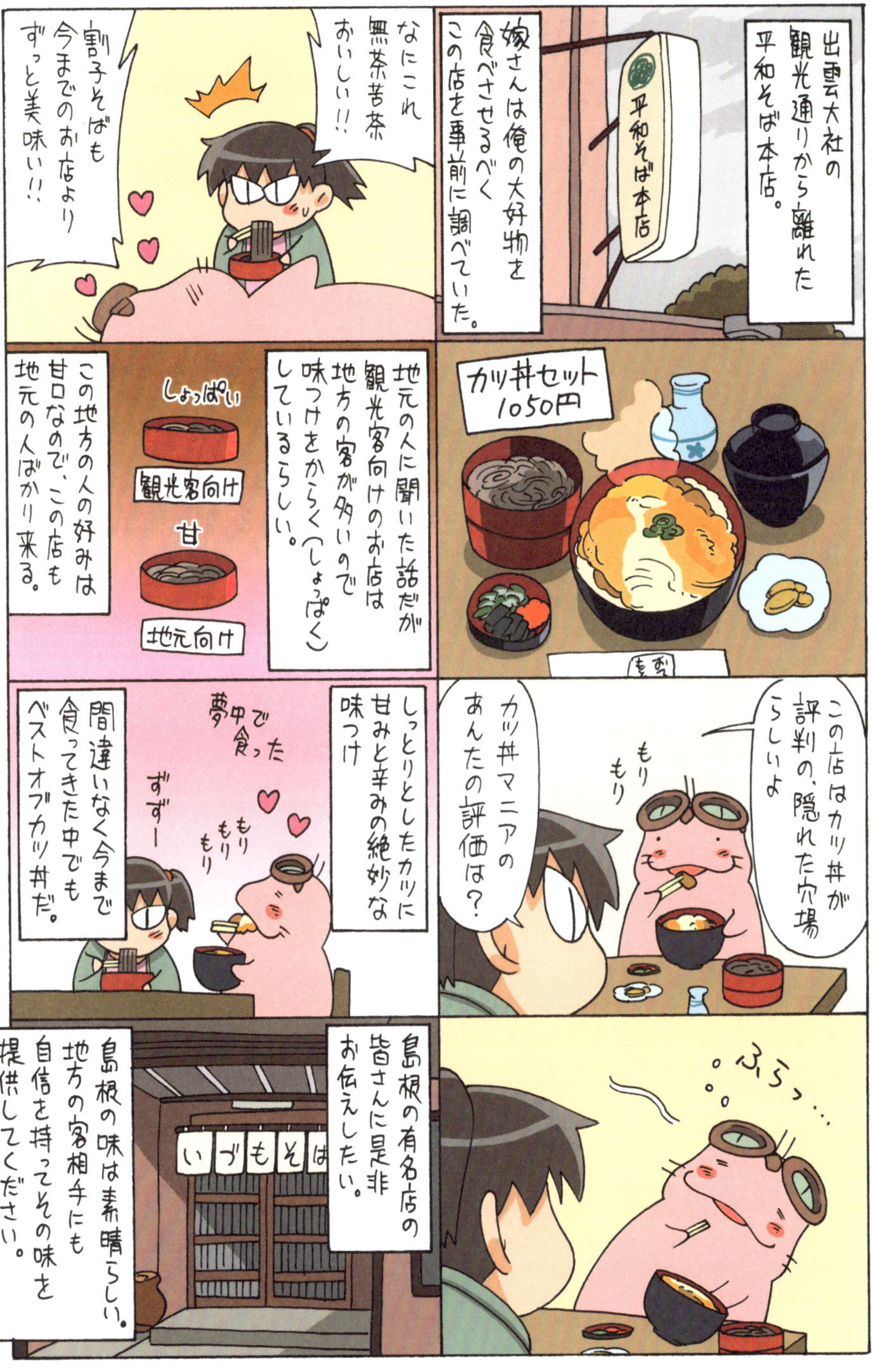
出雲大社の観光通りから離れた平和そば本店。
平和そば本店
嫁さんは俺の大好物を食べさせるべくこの店を事前に調べていた。
なにこれ無茶苦茶おいしい!!
割子そばも今までのお店よりずっと美味い!!
カツ丼セット 1050円
地元の人に聞いた話だが観光客向けのお店は地方の客が多いので味つけをからく(しょっぱく)しているらしい。
しょっぱい
観光客向け
甘
地元向け
この地方の人の好みは甘口なので、この店も地元の人ばかり来る。
この店はカツ丼が評判の、隠れた穴場らしいよ
もり もり
カツ丼マニアのあんたの評価は?
しっとりとしたカツに甘みと辛みの絶妙な味つけ
夢中で食った
もり もり
ずずー
間違いなく今まで食ってきた中でもベストオブカツ丼だ。
ふらっ…
島根の有名店の皆さんに是非お伝えしたい。
いづもそば
島根の味は素晴らしい。地方の客相手にも自信を持ってその味を提供してください。

まさかの展開

※写真を撮るのはマナー違反と判断し一部記憶を元に描いてます。

ご祈祷

2人ぼっちのご祈祷のはじまり。
それでは始めましょう
今回は商売繁盛とお義母さんの縁結びをお願いした。
シャーン
シャーン
ドーン
ドーン
ピー
ヒョロロー♪
おおっ!
神様に捧げる巫女さんの舞い
シャーン
これがまたこの荘厳な空気をより一層引き締めてくれる。
荘厳な雰囲気かつおごそかな儀式
はらえたまえー
きよめたまえー
普段、無信仰の自分でもこの神聖な空気に圧倒されてしまう。
巫女さんの舞と言えばこんなイメージだったがそれは漫画の影響か。
神よー
光あれ!!
そして隣の嫁さんはわかりやすい。
私達の…2人の為だけに儀式を…
キラキラ
まあ嫁さんがご満悦のようなのでなによりだ。
私達の…為だけに舞を…
キラキラ

※縁結びは恋愛ばかりではなく良い友人との出会いの意味もある。

お守りいろいろ

30分ほどで
ご祈祷は終わり
帰りにお神酒と
祈祷の種類に応じた
アイテムを頂いた。
縁結びの人は
お守りと
木札
その他
お神酒の皿
持ち帰り可
中心には
出雲大社の
御紋入り
で、商売繁盛を
祈祷した俺には
謎の小袋が
むう?
そういうの
開けちゃ
ダメよ!!
開けたら
バチが
当たるよ!!
中身が非常に
気になるが
開けない事にした。
仕事場に置いて
これからの商売を
見守ってもらおう。
いつか神棚
作らないとね
御守
帰り際
嫁さんが手水舎へ
立ち寄った。
パワーストーンを
神社の清水で洗うと
清められるのだとか。
嫁さんが、なんかの漫画で
影響されたらしい。
じょーー
道中のみやげ屋で
買ってた
そろそろ電車の
時間だよ
終わったなら
さっさと帰ろうよ
パワーストーンを
包んでた糸が
色落ちして
より汚れた。
プッ
クス
クス

石見銀山

まんぷく島根3日目
今日は世界遺産石見銀山を見学する。
今回も無料の石見銀山のガイドツアーに申し込んだ。※
ようこそー
うるさい!!
石見銀山とは今は閉山されているが
戦国時代には全世界の銀の1/3も産出し栄華を誇った鉱山跡
エイホー エイホー
エイホー エイホー
エイホー
山
天気が悪いせいもあるが何故かどうしても乗り気になれない。
同じツアー客のおばちゃんは大はしゃぎ
む～ん
銀山
ところが
なんか元気ないね
うん…
ガタン
ガタン
別のツアー客が連れてきたハスキー犬のベルちゃん(メス)
はっ はっ
石見銀山ってさみんなが必死に働いて働いて一度は栄えたけど結局滅んだ所でしょ?
そういう所に、これから独立する俺が行くのは気が進まないと言うか…
とりあえず心の中でツアーの無事をベルちゃんに託す。
ベルちゃん守ってー
いや知らんけど
滅び去ったかつての栄華石見銀山散策スタート。

※石見銀山公園で受け付けてます

ガイドさん

石見銀山坑道跡まで
2キロのハイキング
山はぜんぜん
手入れされてない
雑木林
はたして世界遺産
石見銀山とは
どんな世界なのか
綺麗な
お花が
そう
ですね
あっ!!
みなさん
見てください!!
この上は昔の
えらい人の
家があったん
です
数年前の
鉄砲水で
流されましたが
ごらんに
なりますか?
流されたなら
いいです
綺麗な花が
咲いてます
ふむ
みなさん
あちらを
ご覧ください!
あっ!!
みなさん
見てください!!
この地区の
小学校です
どうやらこの
ガイドさんは少々
ズレた人のようだ。

穴

銀山の坑道跡は数百あるが、その中でも現在入れるのは2本だけ
今回は公開されている龍源寺間歩(坑道)を潜る事に。
入場料400円払って坑道に入った。
出た。
あまりこういう事言いたくはないけどさ
400円払ってただのトンネル…
来なくてよかったんじゃないかな…
わかったもう帰ろうね
帰り道、小学生のかわいい姉妹が焼きソーセージを売っていた。
ソーセージ 200円
ジュー
お母さんのお手伝い?
ソーセージ マルメターノ
きのうがんばりすぎて声が出なくなっちゃいました
そうかーえらいねー
昔、石見銀山は女人禁制で女性は山に入る事を許されなかった。
エイホー
エイホー エイホー
男だけが山で働きそして男達が滅ぼした。
今は女性達がここを栄えさせる番なのかなと思った。
ありがとうございまじだー
ビール
がんばれ女の子石見銀山をまた賑わせてくれ。

フルマラソン

石見銀山の帰りにどうしても温泉に入りたいと嫁さんがだだをこねる。
つかれたつかれた!!
温泉入りたいー!!
ばた ばた
仕方ないので松江しんじ湖温泉で日帰り入浴をする事に。
幼女がいましたが画像を加工しております
カポーン
温泉をたんまりと堪能し、脱衣所のソファーで座っていると
ほっ ほっ
脱衣所でずっと、その場マラソンをしているフルチン親父。
ほっ ほっ
よし勝負だ
俺はおっさんがマラソンをやめるまでここを動かないぞ。
ほっ ほっ
20分経過
ほっ ほっ
40分経過
あー私だけど
例のヤツあれでオッケーだから
ほっ ほっ
俺の負けだ。
ガラガラ
ほっ ほっ

※これでも俺は着てる

がんばれ○木君

まんぷく島根いよいよ最終日
朝からバスで八重垣神社にやって来た。
やっと快晴
八重垣神社はスサノオと稲田姫が日本で初めて正式な結婚式を挙げた場で
その為、縁結びパワーでは日本一と言われてるらしい。
結婚式のパイオニア
なので絵馬に書いてある願いがみんな切実。
人の絵馬をあんまり見ないの!
年収1000万の男を
美女と
29才までに結婚できますように。
イケメンほしい
ステキな男を
金持ちの男と結婚したい♥
ややっ!
○○子さんとおつきあいできて結婚できますように。
埼玉県○○市
○木○太郎
おつきあいするところからかー
島根まで来るガッツがあるならさ
さくっと告白しちゃえばいいのにね
これ同級生の○木君の弟だ…
こんな所で…
ええっ!?
見なかった事にしてそっと絵馬を裏返しておいた。
すごいの見つけちゃった
フフフ
がんばれ○木君。

※本当にこの流れで見つけた

稲田姫の縁占い

八重垣神社の奥には小さな池がある。
スサノオの嫁さん稲田姫が顔を洗った池でここで縁の占いができるのだ。
ややっ！
ぶわっ
縁談は良縁となる
西と北 吉
100
この紙は水につけると占いが出てくる遊び心もある。
神社で売ってる和紙を浮かべ、10円玉か100円玉を乗せ
10
15分以内に紙が沈んだら縁が近い 30分以内に沈んだら遅れて縁が来る。
縁談は良縁だって！
次に来る仕事はきっといい縁だよ！
離婚していい女見つけるんじゃないの？
はい100円
10円でいいんじゃないの？
あんたはこの池を掃除するのさ 10円でできるの？
100円が礼儀でしょ！
嫁さんは5分 俺は7分で沈んだ
ずぶぶぶ
なかなかの好成績だ。
縁占いを早速トライ
自分の紙を切実に見つめる女性陣
隣のお姉ちゃんは沈むまで31分かかっていた。
ほらただの占いだから
沈んだから結婚はできるしー
強く生きろ。

メルド

島根県最後は佐太神社
今年は群馬どうなのよ
ネギとコンニャクがさかんでー
他にねえのかよ
佐太神社は年に一度集合した全国の神様が打ち上げをする所。
それはともかく尿意をもよおしたので神社のトイレを拝借
カパッ
OB禁止
やあ僕は前の人の排泄物
フランス語ではメルドという高貴な名前さ。
流せ。
ん？
小
大
くいっ
くいっ
流れない。
気にせず僕の上にしたまえよ
トイレが壊れていたので手近のバケツで何度も水を流し込む。
ざっばあぁ
島根まで来て俺は何をしているんだ。
ぎゃあああ!!
悪ウンを流したので佐太神社のおみくじは大吉。
扇子おみくじ 300円
大吉
早く直してください。

さらば島根県

最後の島根縁結び空港でもおみやげを沢山買う。
出雲そばどっさり
島根ワインも美味いよ。
いよいよ東京に帰還だ。
帰りの飛行機で窓から島根の景色を改めて一望。
最初は島根の事なんて全然知らなかったけど
おりる駅まちがえちゃった？
タダで送ってあげる
レンタサイクル
電動ならウチより向こうの店がいいよー。
地図あげる
島根の人々は親切でおおらかでほっとできる所だった。
またいつかお礼参りに来ます。
ぶいーん
さらば島根県。

島根でどうしても許せなかった飯
テキトーに入った喫茶店で食ったしんじ湖丼なる食い物
ワカサギ丼って言うから、刺身か天ぷらかと思ったらつくだ煮の玉子とじだった。
ドンブリいっぱいのつくだ煮…
うっぷ…
これは残していいよ…
ウチはそれだから
店員のオバハンがまた態度悪い。

旅のアルバム 出雲編

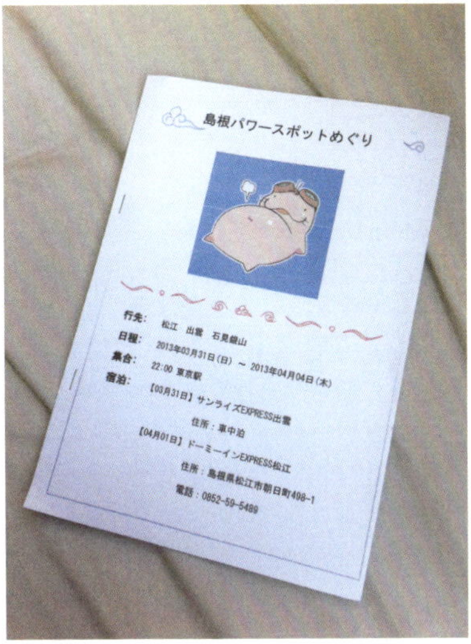

嫁さんは旅のしおりまでこしらえてた。この情熱はどこから来るんだろう。結局一度しか読まなかった。

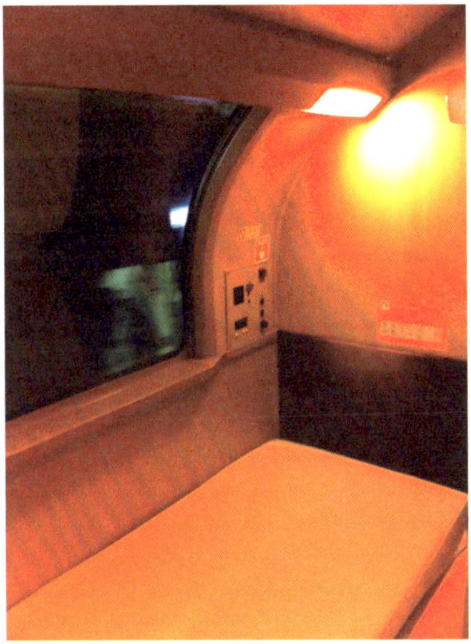

ウヒョー！はじめての寝台特急、二階個室！ゆったり足を伸ばせるのが魅力。

割子そば。そばに生卵はカルチャーショック。

松江城。松江のシンボル。桜がきれいだった。戦闘用の城なので無骨な作り。

出雲大社。60 年に 1 度の遷宮の年。二週間後には儀式で大混雑するぞ。

出雲大社の締め縄。これを作るのに体育館を借り切って作るらしい。

八重垣神社鏡の池占い。実は水につけなくてもうっすらと内容が見えるのだが、そこは見ないふりをするのが大人のマナーだ。

出雲の名店、平和そば本店のカツ丼は俺を高いステージへと導いてくれる。

しんじ湖でとれる魚貝類を食えるお店に入った。
わー
全部食べていいよ
子供の頃よく食べたバイ貝が出て、とってもうれしかったが
ああっ!!
おいしくてつい
とっておきのウチワエビは嫁に全部食われた。
もぐもぐ

四章 まんぷく日常

小学生の頃

近所に小学校があるのだが
登校時間下校時間になると道が親の送り迎えの車でびっしり。
俺の小学校時代と言えば
フライやろうぜー
穴とかほろうよ
友達と夕飯まで何して遊ぶかと夢中だった。
近所の寺にイチョウの木があった。
石を投げてギンナンを一番多く落とした奴が勝ち。
家の近くには川があった。
メスだー
夏には沢ガニがたくさんとれた。
この川の一番上まで行ったらどうなってるのかな?
ずっと上まで行ってみようよ
びしょびしょになりながら上流まで登ってみた。
滝だー!!
服が濡れるなんて気にせず、川の一番上がどうなってるのかみんなで冒険した。
川の一番上は何もなかった。
この辺から水が湧いてるんだー
あんまりおもしろくなかったね
家に帰ると服はどろんこだ。
ウィーン
お母さんはそれれを毎日洗濯してくれた。

タクアン作り

子供の頃から俺はタクアンが大好きだった
ポリポリ
子供だからヒゲはない
ねーねーお母さんタクアンってどうやって作るの?
タクアンは大根を干して作るんだよ
で、早速近所の農家からダイコンをもらってきて
わーい
みんなの秘密基地だった木の上で干す事にした。
一ケ月くらいしたらおいしいタクアンになるよ
みんなで食べようね
それから一ケ月
そろそろできてる頃だぜー!
よーし取りに行ってくる
大根は腐って虫がたかってた。
タクアンはー?まだー?

クサイクサイ手袋

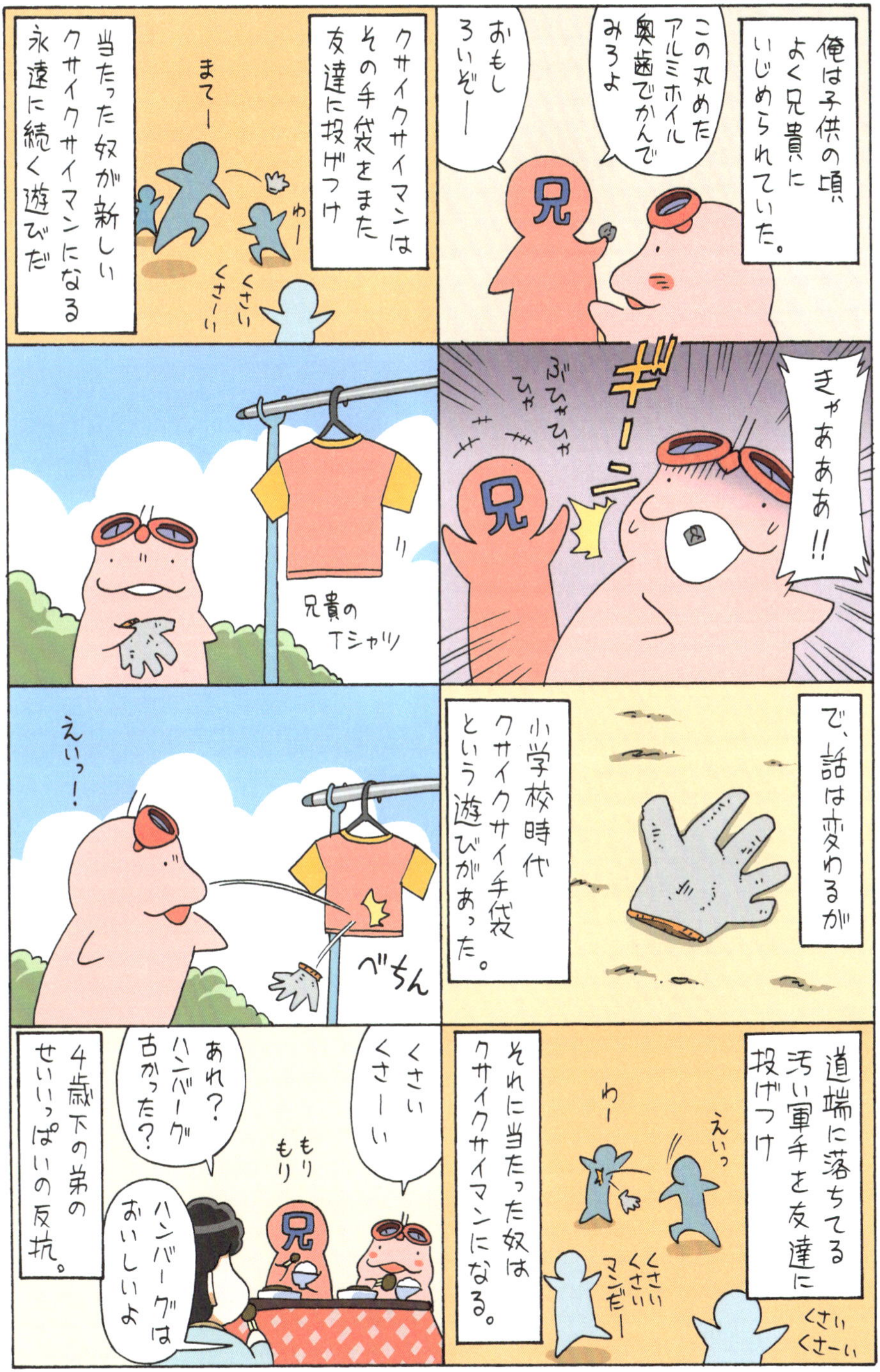

俺は子供の頃、よく兄貴にいじめられていた。
この丸めたアルミホイル奥歯でかんでみろよ
おもしろいぞー
ぶひゃひゃひゃ
ギーン
きゃあああ!!
で、話は変わるが
小学校時代クサイクサイ手袋という遊びがあった。
道端に落ちてる汚い軍手を友達に投げつけ
それに当たった奴はクサイクサイマンになる。
えいっ
わー
くさいくさいマンだー
くさいくさーい
クサイクサイマンはその手袋をまた友達に投げつけ
まてー
わー
くさいくさーい
当たった奴が新しいクサイクサイマンになる永遠に続く遊びだ
兄貴のTシャツ
えいっ!
べちん
くさいくさーい
あれ?ハンバーグ古かった?
4歳下の弟のせいいっぱいの反抗。
もりもり
ハンバーグはおいしいよ

運命の出会い

およそ100年以上前
アンデルセンという少年が一人、山で遊んでいると
わーい
ピカッ
うわっ！
私はノンネバッケンの丘に住む女神
あなたには、他の人が見えない、きれいなものが見えるようにしてあげましょう
そして少年は小説家となり
マッチ売りの少女や人魚姫など数々のアンデルセン童話を発表するに至る。
マッチ売りの少女
みにくいアヒルの子
人魚姫
そしておよそ30年前
片倉少年が友達と川で遊んでいると
わーい
ピカッ
うわっ！
こ…
これはっ…！
橋の下でワイセツな女神様の写真集を発見し
すっげー
やだよー俺そんなの見ないよー
チラッ
チラッ
おお〜
パパイヤ通信
女体の神秘とスケベ心を開眼するに至る。

上京した頃

俺は21歳の時に
静岡の片田舎から
上京した。
ゴーッ
安月給なので
食費は切りつめた
買うのはもっぱら
豚バラブロックの
セール品
将来どうなるか
どうしたいかなんて
まるでわからない
ビルが高い…
とにかく、好きな絵で
ごはんを食べられたら
いいな。それだけだった。
豚バラを毎日ちょっとずつ
薄切りにして
一週間のおかずにする。
それをおかずに
たくさんの米を
食べるんだ。
とりあえず、某
ゲーム会社に
雇ってもらえた。
そこにいる人達は
みんな俺より絵が
上手くて
もり もり
もり もり
給料も安かった
パソコンなんてロクに
触った事もなかった
ちまちま
ちまちま
それでも、追いつこうとした
追い抜こうとした
二倍がんばれば二倍上手くなる
もり もり
こんな生活でも
楽しかったんだ
今はゼロ
がんばれば、がんばる程
登って行けるんだから

貧乏ピザ

上京したばかりの頃 とにかくお金がなかった
今月の家賃が……
○×銀行
そんなある日 どうしてもピザが食いたくなった
だが ピザは高い
L 3300円 M 2500円
ミックス
シーフード
L 3500円 M 2800円
スペシ
よし
安く自作しよう
ピザマット
まずは、もやし一袋をしんなりするまで炒めたあと
焼肉のタレをよくからめます
ジュー
もやしにタレがよくなじんだら食パンに乗せて
もやし一袋でパン2枚分
とろけるチーズを乗せ
レンジでチン
貧乏でオーブンがなかったけど
本当はオーブンがいいよ
ブーン
完成
貧乏ピザ
それ美味しいの?
ジューシーでおいしいよ
金が無い時はおためしあれ

水問題

上京したばかりの頃一番苦労したのは
水。
俺の実家は富士山のふもと富士宮市なので
水道をひねれば富士山の湧き水が出てくるような水のきれいな所。
なので東京の塩素たっぷり水道水が臭くて飲めなかったり
密閉空間の塩素臭!!
最初のうちは風呂も鼻をつまんで入ったりしていた。
で、ある日久々に実家へ帰省してみたら
スーパー水素水
なにこれ?
ああ、水道水を水素で健康な水にしてくれるって勧められたの
8万円もしたのよ
スーパー水素水
8万!? なんでそんなの買ったんだ!!
健康にいいって言うから〜
うちは蛇口ひねればミネラルウォーターだろうが!!
よく考えろ!! こんな軽いオモチャにそんな機能がある訳ないだろ!!
営業の人がとってもいい人でー
だまされてるんだよ!!
どうせ中身は活性炭だ分解してやる!!
ああ、やめてそれはお水に水素を添加して……
だまれ水は元々酸素と水素だ!!
田舎の老人をだますな

金縛り

実家にいた頃、夜になると家中からバシバシ音が鳴っていた。
パンッ
ビシッ!!
パキッ!!
まあ物心ついた頃から続いていたので、それが普通だと思ってた。
高校生になった頃から金縛りにかかるようになった。
体が疲れてるとかそんなのではなくちょっと横になると猛烈な耳鳴りがしてしばらく体が動かない。
毎日のように金縛り。
ある日、金縛り中に目を開けてみたら
目の前50センチに天井。
またある日金縛りにあった時
カーー!!
ムカつくー!!
いい加減ムカついたので心の中で文句を言いながら目を開けたら
目の前に知らないおっさん。
それが世の中普通の事だと思っていたのだが
あれ?
これが普通なの?
上京した途端その現象は一切なくなった。
だが、ある日おばあちゃんが死んだ日に仕事が忙しくて通夜をさぼったら数年ぶりに金縛り。
くおおおお
誰かこの現象をそろそろ科学的に解明してくれ。

コメばあちゃんの教え

明治生まれの俺のばあちゃんは90過ぎまで生きた。
コメばあちゃん（本名）最終学歴 小卒
コメばあちゃんは雷が鳴ると、いつもカーテンを閉めた。
ゴロゴロ
シャーッ
おばあちゃんなんでカーテンしめるの？
うちの遠い親戚がな家の中で雷にうたれて死んだんだ
その子は窓際の鏡台に雷が反射して
ぎゃー
家の中で雷の直撃を食らったらしい。
だから雷が鳴ったら窓際にいたらだめだぞ
うん
これがコメばあちゃんの教えのひとつだ。
で、会社にいる時雷が鳴ったら俺は部屋の奥に行く。
ゴロゴロ
どうしたんですかー？
いや、コメばあちゃんがね
そんな訳ないっすよ雷は光と音と熱と電流
バッカじゃないっすかー？
光はともかく電流が鏡に反射する訳ないじゃないですか
俺は早速窓際に鏡を設置して、あの男に照準を合わせた。
ゴロゴロ
コメばあちゃんあの言い伝えを信じないふらちな男に天罰を。

コメばあちゃんのホットケーキ

子供の頃は貧乏でおやつ的なものをあまり与えてもらえなかった
時々出るのがパンの耳に砂糖水をつけたもの
時々おばあちゃんが作ってくれるホットケーキが何よりのおやつだった
ホットケーキ作ってやるから
わーい
おばあちゃんのホットケーキの作り方
牛乳は高いから使わない
まずは小麦粉を水でとき よくまぜあわせます
それにたっぷりのお砂糖と
少しだけ塩を入れます
それをフライパンで両面こんがりと焼き上げたら
もうすぐ出来るからな
ジュー
出来上がり
砂糖水をたっぷりかけて召し上がれ
おばあちゃんのホットケーキ
おい
嫁
それはお好み焼きの生地だ
ちがうもん おばあちゃんはホットケーキって言ってたもん!!
あたしはそんなの食べないからね!

いも栽培

上面図
我が家の裏にはほんの少しだけ空きスペースがある
3m²くらい
となり
家
となり
家の裏はイモのジャングルと化していた。
裏手には巨大なマンションがあり日光も射さない
う〜む
このデッドスペースの活用方法を考え抜いた末
イモのつるはお隣の敷地どころか壁をつたって2階まで到達しており
ぶち
ぶち
回収したイモの葉で40ℓゴミ袋がパンパンとなった。
40リットル
とりあえずイモを植えてみた。
春になったら収穫するんだ
ぺん
収穫したイモ
10cm
5cm
0
そしてそんな事もすっかり忘れたまま一年後
そういえばあのイモどうなったの？
ャヤ、すっかり忘れてた
マッチで焼こうか？
あたし食べない
一年かけてイモには日光が必要な事を学習した。

シソ栽培

先日、嫁さんがプランターを買ってきた。
いい季節だからね
今日からシソ栽培を始めるよ
ふようど
腐葉土をよくかきまぜ
種を均等にまき水を与える。
じょろろろ
じゃあ毎日の水やりはよろしく
えっ!?
そして収穫までの世話を任された。
シソは日陰でも育つが乾かしてはいけないらしい
毎朝ジョウロで水を与えた。
じょー
くる日もくる日も
じょー
おいしいシソに育てる為、毎朝お水を与え続けた。
ややっ!!
芽が出てきた!!
そしてめでたく
たゆまぬ保湿の成果によりマグソダケが大量に生えてきた。
お水あげすぎ

10キロの罰

最近、夜中になるとおなかがすく。
ぐ〜
食べちゃダメだよ あんた10年前より10キロも太ったんだから!
がまんできずに冷凍肉マンをチン。
チーン
あっ!!
はむ はむ
いいじゃない肉マン一個くらい
ブタ!
びっ
罰としてこの米びつを運びなさい
この重い米びつでもあんたの余分なお肉の1/3の重さよ
わかる? その重さ あんたの体にはその米びつの3倍の10キロが
わかりましたよ
見なさい、このかわいいポン太にゃんを あんたの腹にはこの5キロのポン太2匹分が
あー
わかりましたから
ほら、この体重計に乗りなさい! さっきの肉マンであんたの体重がまた何キロ増えたのか!
ばん ばん
そんなに増えないよ!!
体重に関してはくどい嫁

彗星

俺は時代劇が好きである。
ルールルー
ルルー
ルルー
中でも暴れん坊将軍が大好きだ。
ある日の回 将軍様が遠眼鏡で星空を見ていると
むっ!
あれはなんだ!!
江戸の町めがけて飛来する巨大な彗星。
ピアノ線
地球
ゴーー
彗星落下の噂はたちまち広がり江戸中は大パニック
わーわー
たいへーん
これで安全だよー
そこに彗星よけと称する箱を販売する謎の一団。
なんとその箱は時限爆弾であり江戸中で大爆発が
ドーン
今のうちだぜー
わー
悪党どもほれ今のうちだと盗みをはたらく。
将軍様彗星そっちのけでぬすっと共を成敗。
せいばい!!
わー
問題の彗星ははたして!!
なんか軌道がそれてとなり村に落ちました。
ドーーン
よかったのー
めでたしめでたし。
ブチッ
ピッ

イタリアの日本観

10年ほど前イタリアに行った時
テレビでイタリア産の日本時代劇をやっていた。
主人公は金髪で浴衣には徳川家の葵の御紋がちりばめられている。
これは相当高貴なおさむらいのようだ。
徳川家金髪のおさむらい様は大仏殿の中で芸者ガールと酒をくみかわす。
高貴なおさむらい様の当然の日常だ。
そこへ突然ニンジャの襲撃が!!
イヤー!!
おさむらい様芸者ガールを守り必死の応戦!!
ニンジャは戦いに負けいきなり切腹して果てる。
もちろんニンジャ達の当然の掟である。
やったぞ悪辣なるニンジャをしとめたぞ!
みんなで鐘を打ち鳴らせ!!
ゴーーン
THE END
ブチッ

遺伝子

俺はよく寝ぼける癖がある。
むくり
自分では全然憶えてないのだが
ガッチャマンが上陸してきたよ
ふーん
いきなり起きて歩いて意味不明な話を始めるらしい。
高校時代のある日目覚まし時計が鳴った。
俺は電池を外し時計の解体を始め
バキバキ
メキメキ
完全に分解が終わってから我に返った。
あっ
で、ある日実家に帰省した時
プルルルル
コタツで寝てた母ちゃんの携帯が鳴った。
母ちゃん電話だよ
起きなさいよ
プルルルル
プルルルル
ブチッ
のそのそ
もしもし
どうやら遺伝のようだ。

タコの八っちゃん事件

以前勤めていた
ゲーム会社の社長
ひろしくん。
これは、ひろしくんの
小学校時代の
お話です。
バンブー
ある日、ひろしくんの家の水槽に、お父さんが一匹のタコを入れました。
ひろしはタコ好きか
うん!
じゃあこのタコはお前が面倒見るんだぞ
ひろしくんは早速タコにハっちゃんという名前をつけかいがいしく世話をしました
今日のハっちゃんはー
足をよくのばしてー
ごはんをこまめにあげ、ハっちゃんの成長記録をつけるのが、ひろしくんの毎日の日課になりました。
そんなある日ひろしくんが学校から帰ったら、なんと水槽にハっちゃんがいません。
お母さん
ハっちゃんがいない!!
ん?
ボン
ボン
ハっちゃんが
いないよ!!
だっ!
タコは大根でたたくとやわらかくなります
ボン
ボン
やわらかく煮付けられたハっちゃんはその日ひろしくんちの食卓においしく並べられました。
ハっちゃんがー
ハっちゃんがー!!
もしゃ
もしゃ
もり
もり
おーい
おいおい!!
今でもその時の事を思い出すと悲しくて悲しくて…
うっ
うっ…
それ水槽じゃなくてイケスだったんじゃないの?
バンブー

嫁さんが毎晩俺の寝顔を
撮影して送りつけてくる
新手のイヤガラセを
はじめた。
これは…
フフフ
今日のも
すごい
でしょう

五章 まんぷくゲーム

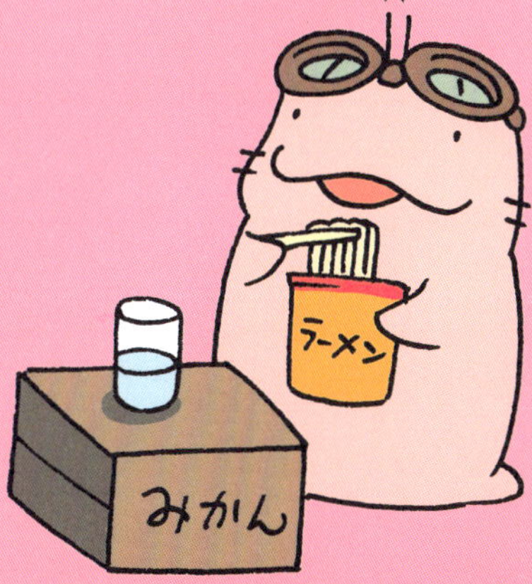

一九九七年の
21歳の初夏
俺は静岡の片田舎から
東京に一人上京した。
ゴー
その頃の俺は
田舎で勤めていた
会社を辞め
だら〜〜
ボリボリ
ポテチ
サンデー
マガジン
半年ほど実家で
ゴロゴロと
ニート生活をしていた。
兄
おい、お前
将来どうすんだ
ぼや〜
うーん、なんとなく
絵を描く仕事とか
したいんだけどねー
兄
こんな田舎じゃ
そんな仕事も
ないしねー
ごろ
ごろ
そのうち
漫画でも
描くよ
今は構想
練ってるから
まっててねー

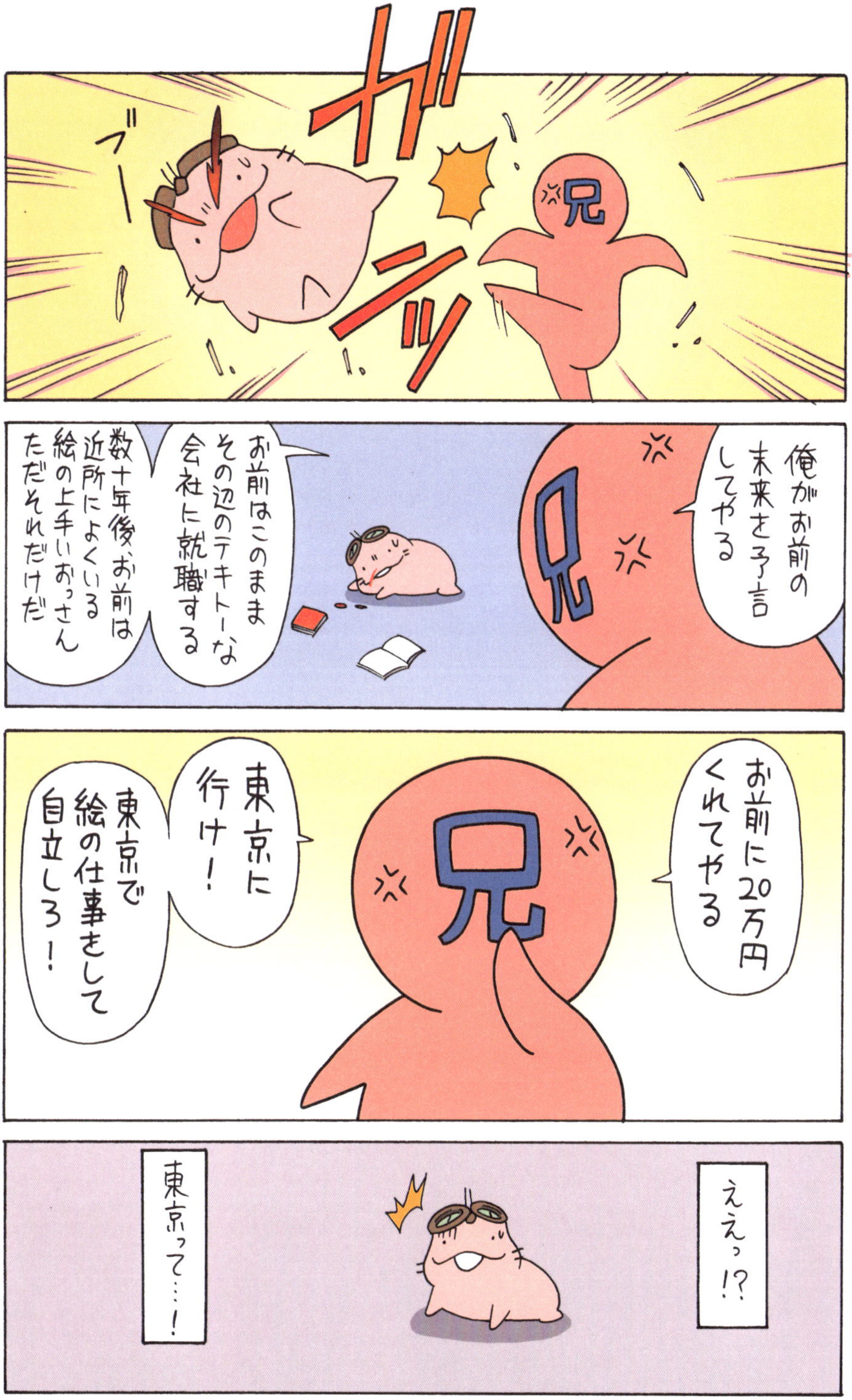

ガンッ
ブー
俺がお前の未来を予言してやる
お前はこのままその辺のテキトーな会社に就職する
数十年後、お前は近所によくいる絵の上手いおっさんただそれだけだ
お前に20万円くれてやる
東京に行け!
東京で絵の仕事をして自立しろ!
ええっ!?
東京って…!

※静岡県民にとって東京は外国
外国じゃん!!
という訳で東京で絵の仕事ができる会社を探す事になったのだが
新刊コーナー
就職情報誌は静岡の求人しか載ってない・・・
そもそも絵の仕事ってどんな会社に行けばできるんだ・・・
デューダ
あっ!
ポイ
ゲーム
そういえば!
ゲーム雑誌に時々求人広告が載ってるのを思い出した。
グラフィッカー募集未経験者歓迎
ゲームグラフィッカー募集!!
よし、ここに応募してみよう
応募にはサンプルとして数点のカラーイラストが必要だったのだが
こんなので相手にされるかなー
ぺたぺた
パソコンで絵なんか描けなかったので中学の授業で使ってた半分くさったポスターカラーで塗り送ってみた。

そしたら
よし採用します
社長
来月からよろしくね
なんと一発採用！
やったぁ!!
がんばって働いてねー
後から聞いた話では俺を採用した理由は絵の実力ではなく『一番最初に送ってきたから』だそうだ。
履歴書の山脈
あっぶねー…
ちなみに一ヶ月後には応募総数2千を超えており幸運に胸をなで下ろす事に。
そしていよいよ上京
一ヶ月くらいで帰って来てもいいぞー
少しは息子の自立を促せ！
新幹線の駅まで親が送ってくれた。
新富士駅
父
新幹線の車窓から離れてゆく故郷の景色を眺めながら思う
ゴー
これから俺はどうなるんだろう。
一人で生きるってどんな事なんだろう。
ゴー
とりあえず数十年後、近所によくいる絵の上手いただのおっさんにだけはならないぞ。

ドドーン
そして
東京都新宿区
面接の時にも一度訪れたが、改めてビルの高さと人混みにおののく
トヨタ
ローン
なんせ俺の田舎では4階建て以上の建物を『ビル』と呼んでいた。
借りたアパートは高田馬場駅近くの5畳ワンルーム
収納もロクになく机ひとつ置いただけでほとんどスペースが埋まった。
ふう…
14インチテレビデオ
なんとか布団とテレビは置けたか…
東京来ちゃったなー

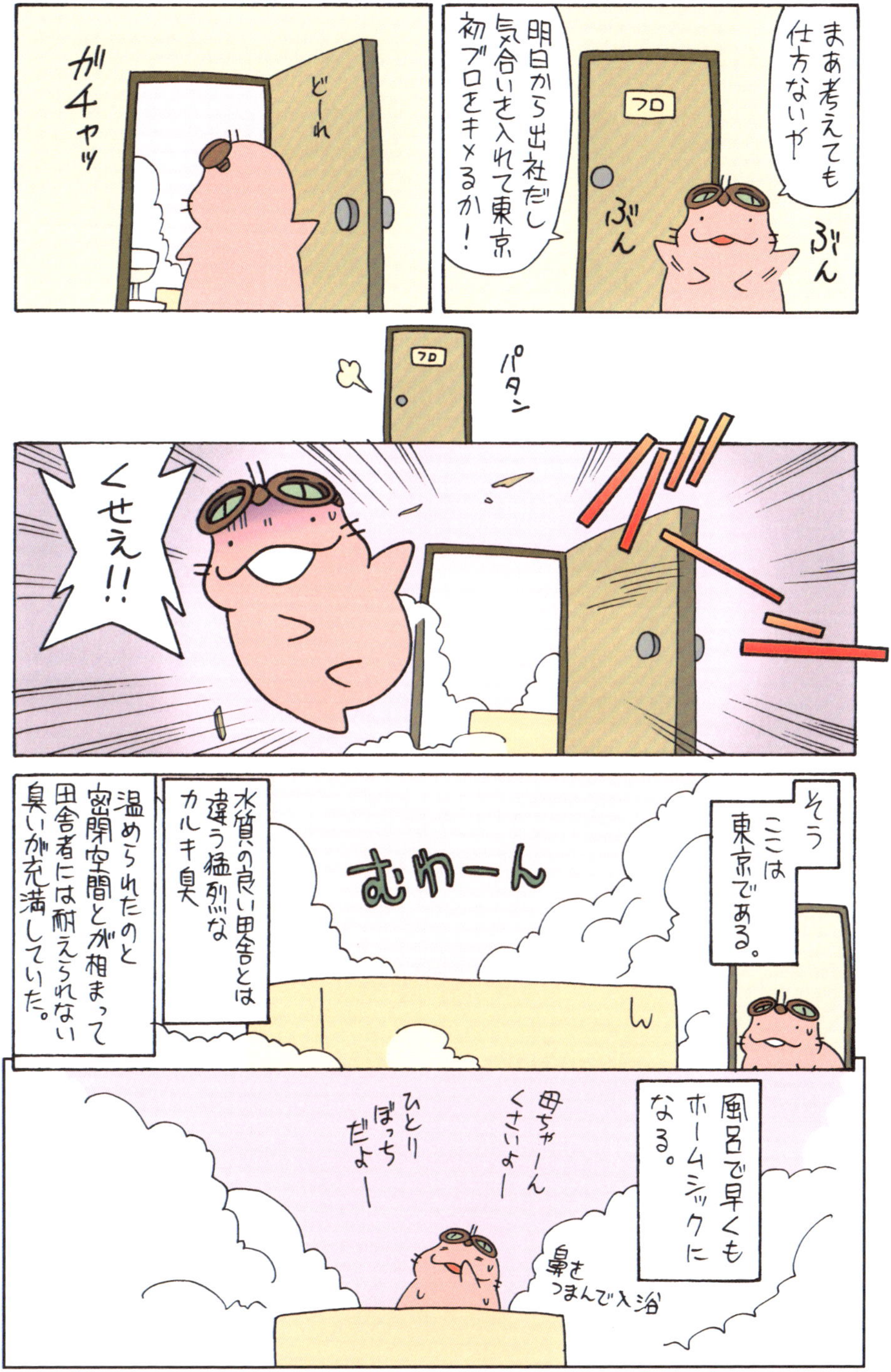

まあ考えても仕方ないや
ぶん
ぶん
フロ
明日から出社だし気合いを入れて東京初ブロをキメるか！
どーれ
ガチャッ
フロ
パタン
くせえ!!
そう
ここは東京である。
むわーん
水質の良い田舎とは違う猛烈なカルキ臭
温められたのと密閉空間とが相まって田舎者には耐えられない臭いが充満していた。
風呂で早くもホームシックになる。
母ちゃーんくさいよー
ひとりぼっちだよー
鼻をつまんで入浴

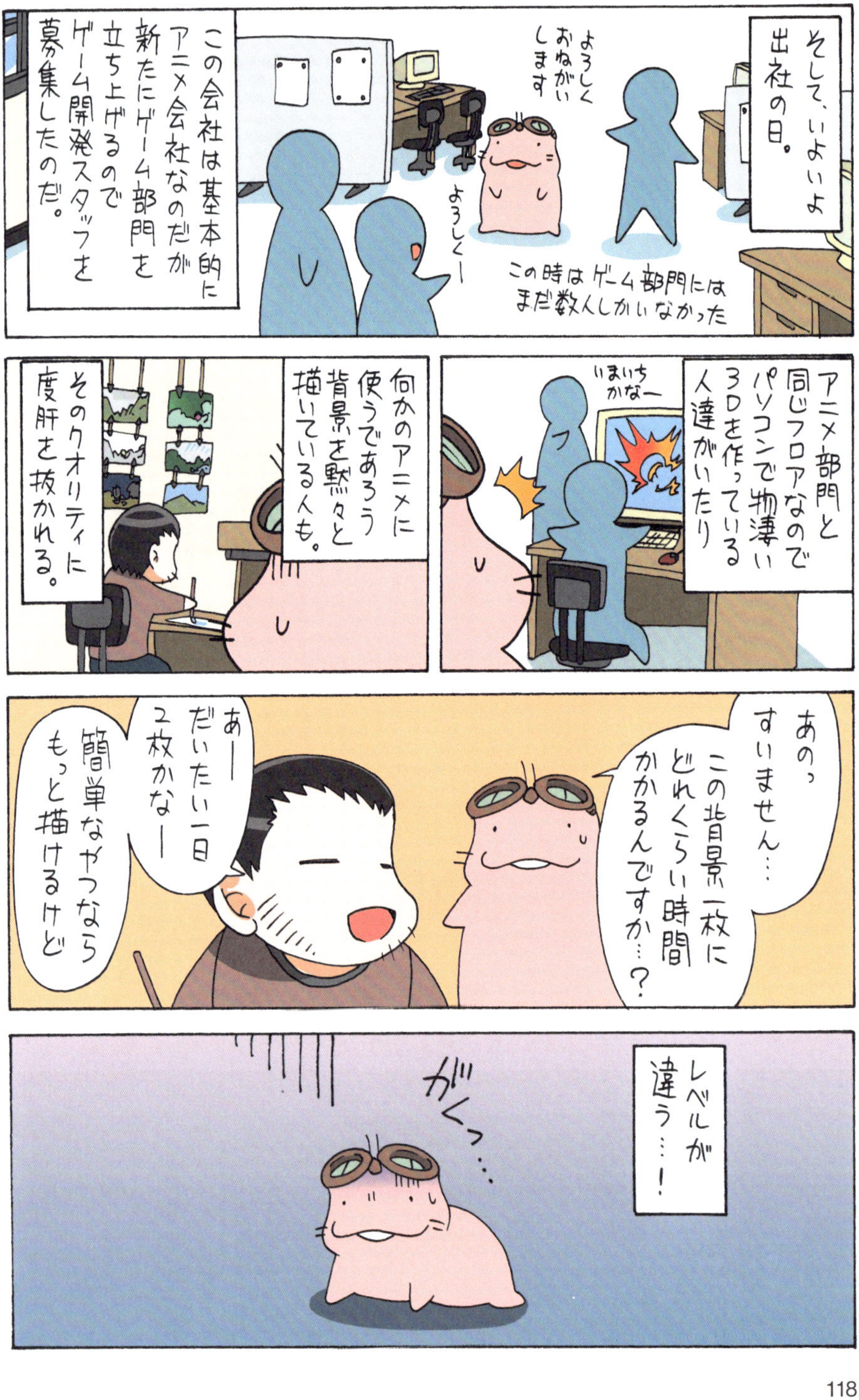
そして、いよいよ出社の日。
よろしくおねがいします
よろしくー
この時はゲーム部門にはまだ数人しかいなかった
この会社は基本的にアニメ会社なのだが新たにゲーム部門を立ち上げるのでゲーム開発スタッフを募集したのだ。
アニメ部門と同じフロアなのでパソコンで物凄い3Dを作っている人達がいたり
いまいちかなー
何かのアニメに使うであろう背景を黙々と描いている人も。
そのクオリティに度肝を抜かれる。
あの、すいません…この背景一枚にどれくらい時間かかるんですか…？
あーだいたい一日2枚かなー
簡単なやつならもっと描けるけど
がくっ…
レベルが違う…！

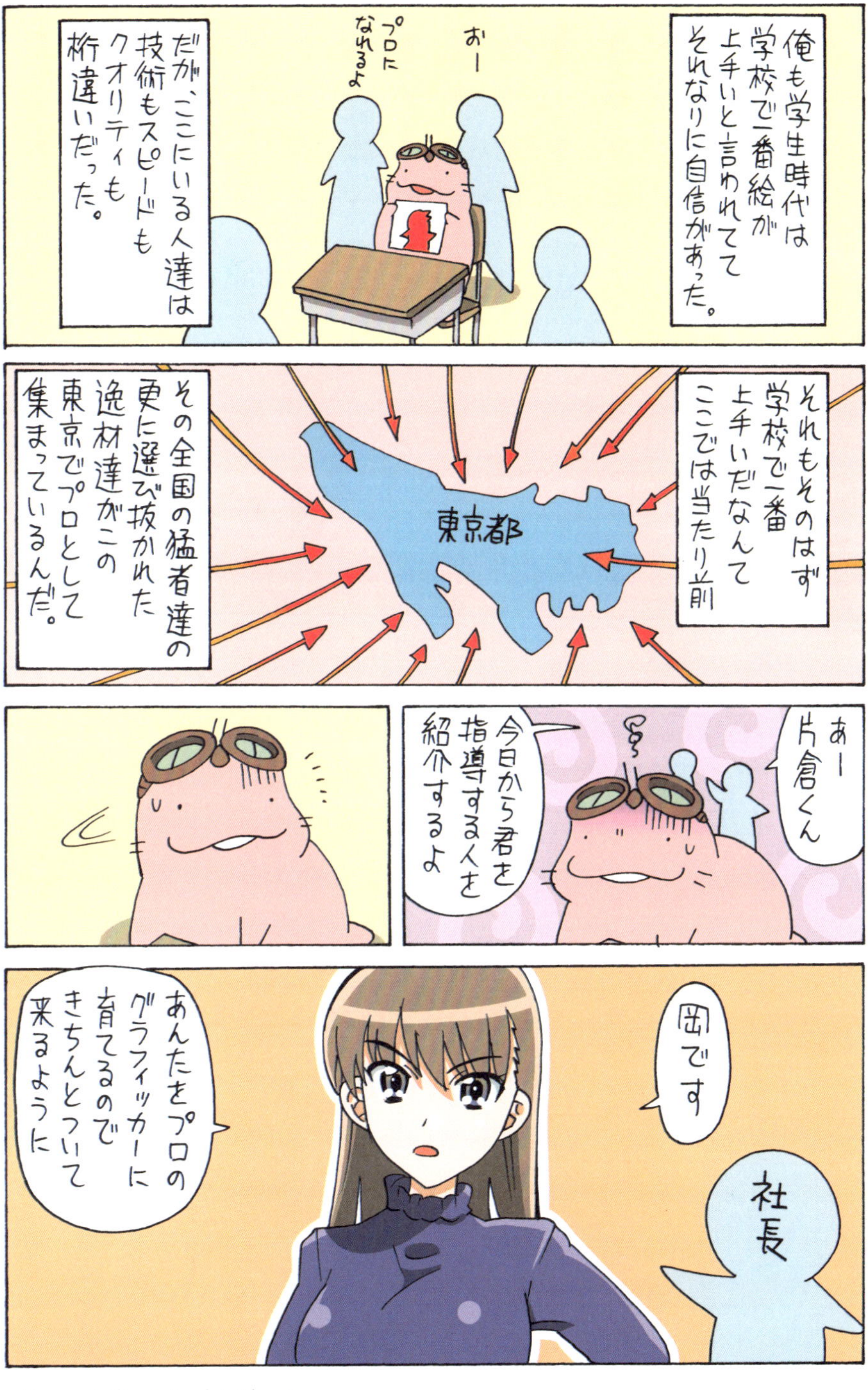
俺も学生時代は学校で一番絵が上手いと言われててそれなりに自信があった。
おー
プロになれるよ
だが、ここにいる人達は技術もスピードもクオリティも桁違いだった。
それもそのはず学校で一番上手いだなんてここでは当たり前
東京都
その全国の猛者達の更に選び抜かれた逸材達がこの東京でプロとして集まっているんだ。
あー片倉くん
今日から君を指導する人を紹介するよ
岡です
あんたをプロのグラフィッカーに育てるのできちんとついて来るように
社長

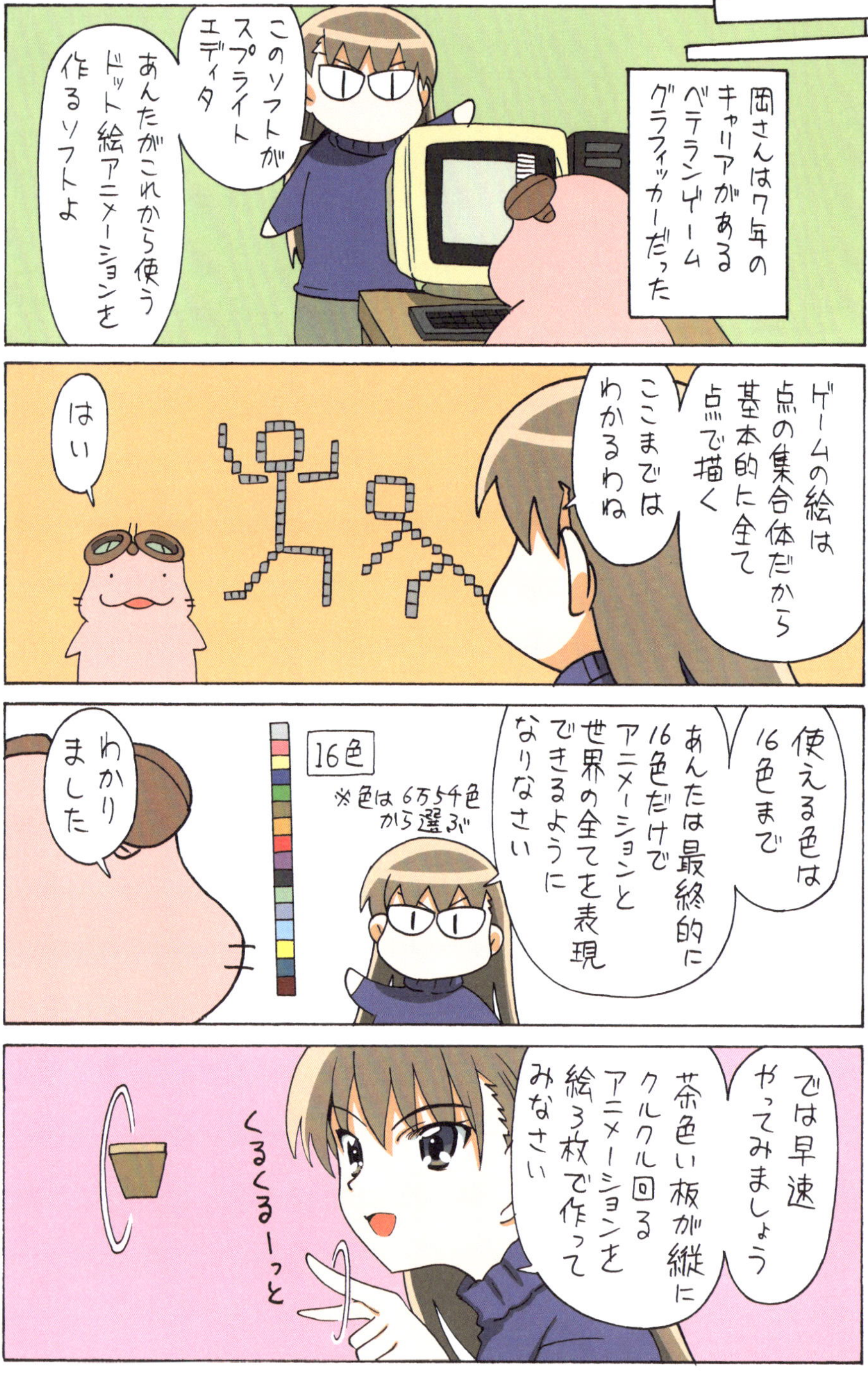
岡さんは7年のキャリアがあるベテランゲームグラフィッカーだった
このソフトがスプライトエディタ
あんたがこれから使うドット絵アニメーションを作るソフトよ
ゲームの絵は点の集合体だから基本的に全て点で描く
ここまではわかるわね
はい
使える色は16色まで
あんたは最終的に16色だけでアニメーションと世界の全てを表現できるようになりなさい
16色
※色は6万5千色から選ぶ
わかりました
では早速やってみましょう
茶色い板が縦にクルクル回るアニメーションを絵3枚で作ってみなさい
くるくるーっと

茶色の板を3枚で回す
ピコーン
これくらいなら俺だってできる
カチカチ
若造だと思ってなめんなよ。
はいできました
こんな感じですよね
ふーん…まあ
素人の子はだいたいこうするんだよね
なっ…!
ほら見てみなさい
この2枚は反転するとまったく同じ形でしょう
この場合は片方を上下反転させれば一枚で補えるの
それを利用すればもう一枚アニメの絵を追加する事ができて
追加
同じ絵を反転
くるくる
よりスムーズにアニメーションを見せる事ができるのよ

一九九七年当時は次世代機と呼ばれたプレイステーションやセガサターン全盛期であったが
じゃん!!
脳天直撃!!
まだまだハードのメモリーが足りずグラフィック枚数をできるだけ節約する事が求められていた。
あと、これを見なさい
あれっ!?
茶色の板なのにテレビでは真っ赤に!!
赤!!
現場ではPCの絵がTVでどう見えるのかチェックできるよう、PCとTVが直結してある。
ブラウン管のテレビではパソコンモニターで見るよりも赤が強く出るの
しかも各家庭のテレビの種類もバラバラ
あんたはどんなテレビでも違和感なく見える色使いを身につけなさいね
ぬおおお!!
ずーーん

思ってた事と全然違った!!
ゲームの絵なんてただ上手く描けばいいと思ってたのに
機械的な制約やら計算を考えながら描くだなんて!!
もりもり
晩ごはんのおかずは節約の為に薄切り肉が2切れ。
ちょびっ…
うう…
もーおなかいっぱい
またこんなに残して!!
この臭い水道水を飲んで自分にカツを入れる!!
一人前になるまではミネラルウォーターは飲まないぞ!!
ごくごく!!
金がないから

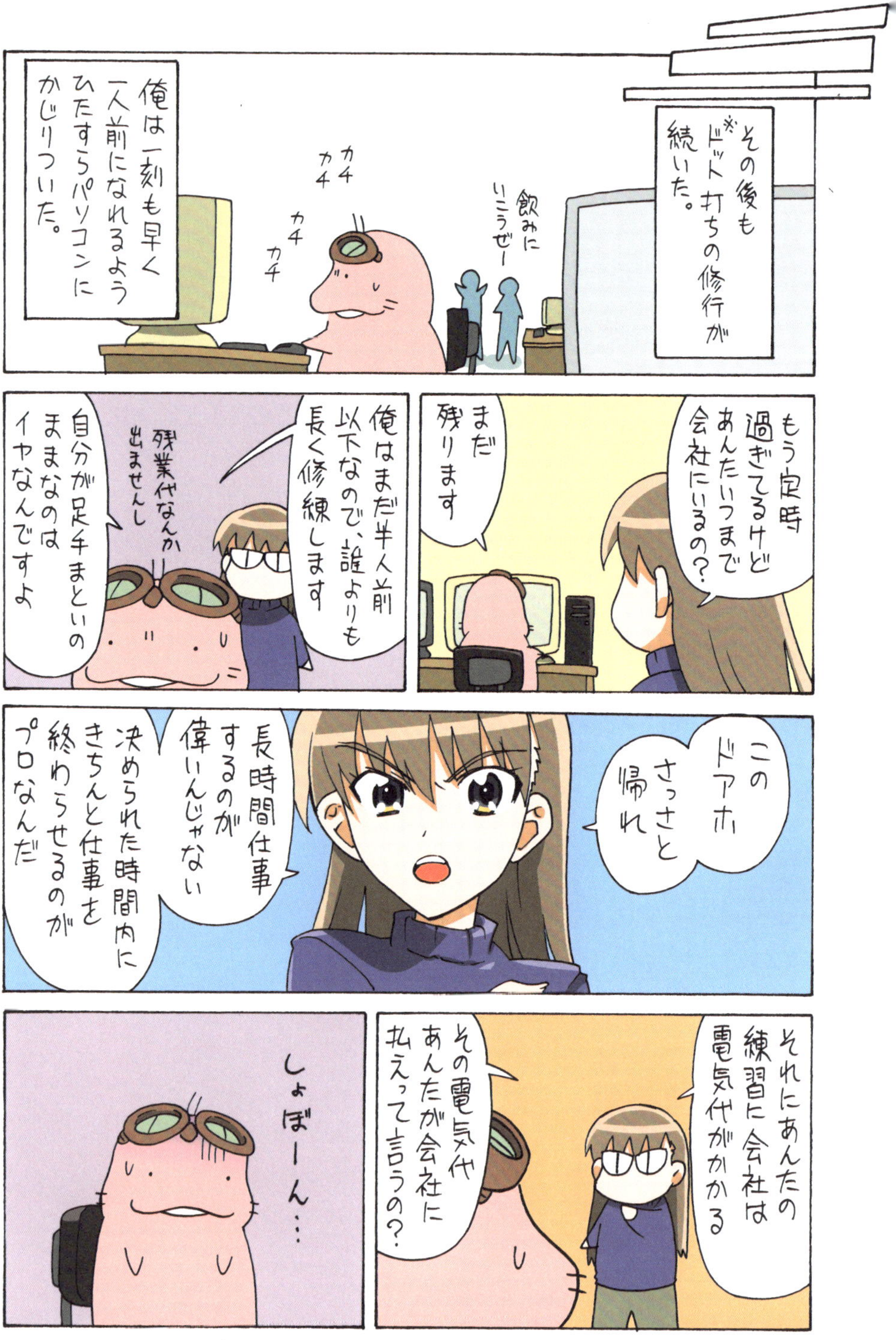
その後も※ドット打ちの修行が続いた。
飲みにいこうぜー
カチカチ
カチカチ
俺は一刻も早く一人前になれるようひたすらパソコンにかじりついた。
もう定時過ぎてるけどあんたいつまで会社にいるの？
まだ残ります
俺はまだ半人前以下なので、誰よりも長く修練します
残業代なんか出ませんし
自分が足手まといのままなのはイヤなんですよ
このドアホ
さっさと帰れ
長時間仕事するのが偉いんじゃない
決められた時間内にきちんと仕事を終わらせるのがプロなんだ
それにあんたの練習に会社は電気代がかかる
その電気代あんたが会社に払えって言うの？
しょぼーん…

※点で絵を描く事

代わりにあんたに課題を出します
一週間に一枚なんでもいい好きなものを描いて色を塗って提出しなさい
わかりました
おう、それならいい物があるぞ
これ使いなよ
これこれ
PHOTO SHOP4
フォトショップ4
※当時の最新版
PhotoShop 4
パソコンで絵を描く人が一番多く使用しているグラフィックツールだ。
おおっ描いた線が消せるんだ!!
何度でも描きなおしできるー!!
コピーだって反転だって塗りだってこれが一番簡単にできるよ

おおっ こんな簡単に綺麗なグラデーションが!!
パッ
雲を描くのもボタンひとつだ!!
他にも色々な機能がある!!
パッ
レイヤー2
レイヤー1
背景
すごい これさえあれば 100人力だ!!
ありがとうございます!!
……
プロはみんな使ってるよー
…お前 今日からフォトショップ禁止
私が許可するまで絶対に使わないように
な…
なんですと!?

プロがみんな使ってるツールを使うなって!!
課題はあいかわらず半分くさったポスターカラー
ぺた
ぺた
入社2週間の俺には100年早いって事かよちくしょうめ!!
いや、あの岡さんに限ってそんな短絡的な理由ではないはず
何か俺に決定的なものが不足してるんだ。
岡さんがだんだん鴨川会長に見えてくる…
こりゃあー
入社1ケ月後
じゃーよろしくー
いよいよ俺はゲーム制作の為に実戦配備された。
俺が任されたのはゲーム内で動くキャラクター造形と稼動アクション
主人公とか
ヒロインとか
モンスターとか
ユーザーが操作するキャラクター達なので責任重大だ。

で、俺の作ったアニメーションはなかなか好評だった
おー、この剣を振るのはいいねー
カントク
おお、この子もかわいい動きだ
まあいいんじゃないかな
なかなかいいよ
ありがとうございます
カントク
ねえ
ちょっといい?
このキャラクターは動きがゆっくりなんだよね?
まあ、そういう設定ですけど
その割には動きがカクカクして見えるんだけど
かくかく
これでも最少の1ドット単位で動かしてますよ

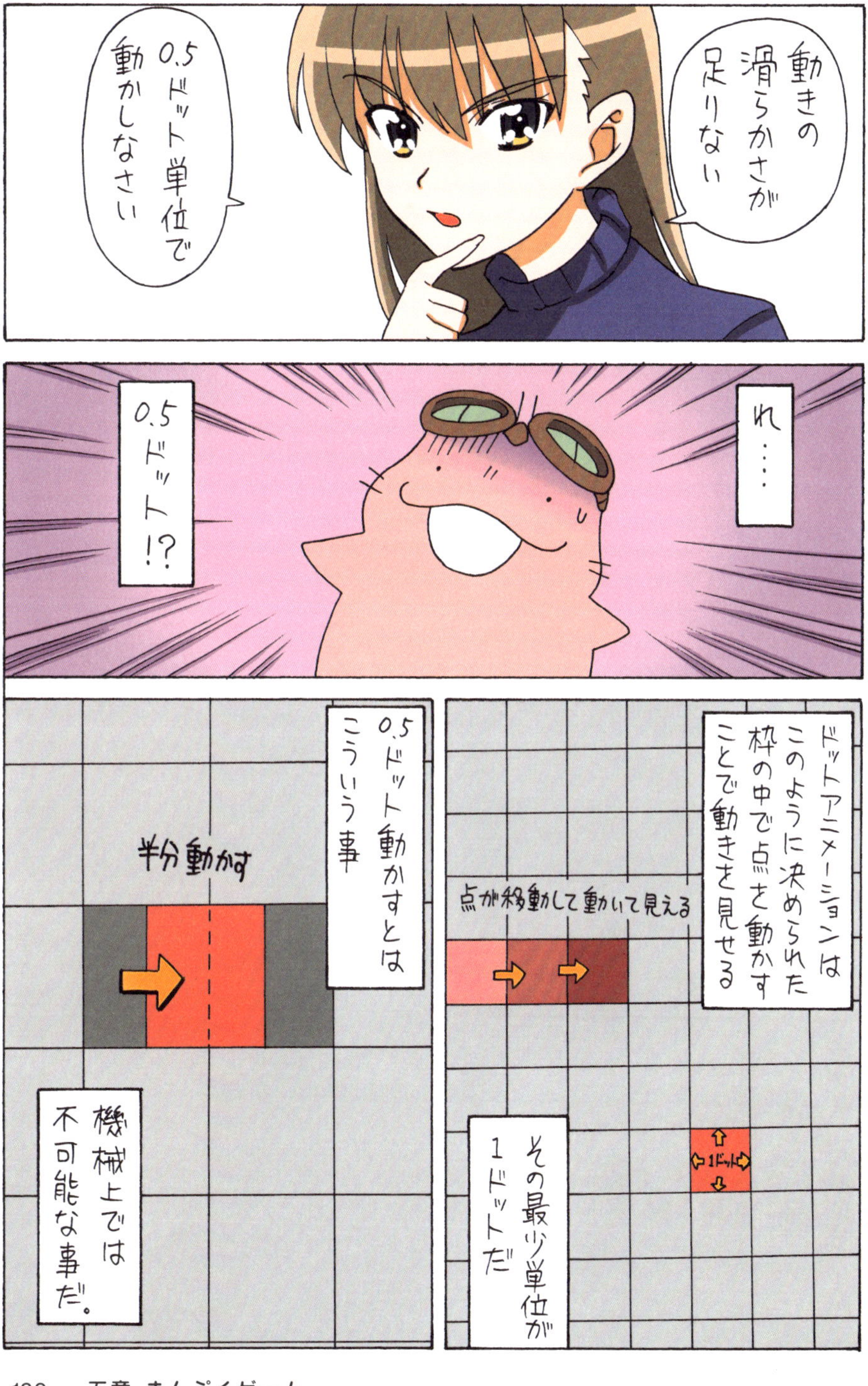

動きの滑らかさが足りない
0.5ドット単位で動かしなさい
れ・・・・
0.5ドット!?
ドットアニメーションはこのように決められた枠の中で点を動かすことで動きを見せる
点が移動して動いて見える
その最少単位が1ドットだ
1ドット
0.5ドット動かすとはこういう事
半分動かす
機械上では不可能な事だ。

ちょっと待ってください!!
0.5ドットってどうやって…!!
教えない
すたすた
すたすた
自分の力で解決してみせなさい
0.5ドット…
ちまちま
ちまちま
ちまちま
ちまちま
ちまちま
ちまちま
ちまちま
ちまちま
ダメだどーしてもわからない!
そもそも0.5ドットなんて機械の限界超えてるじゃないか!

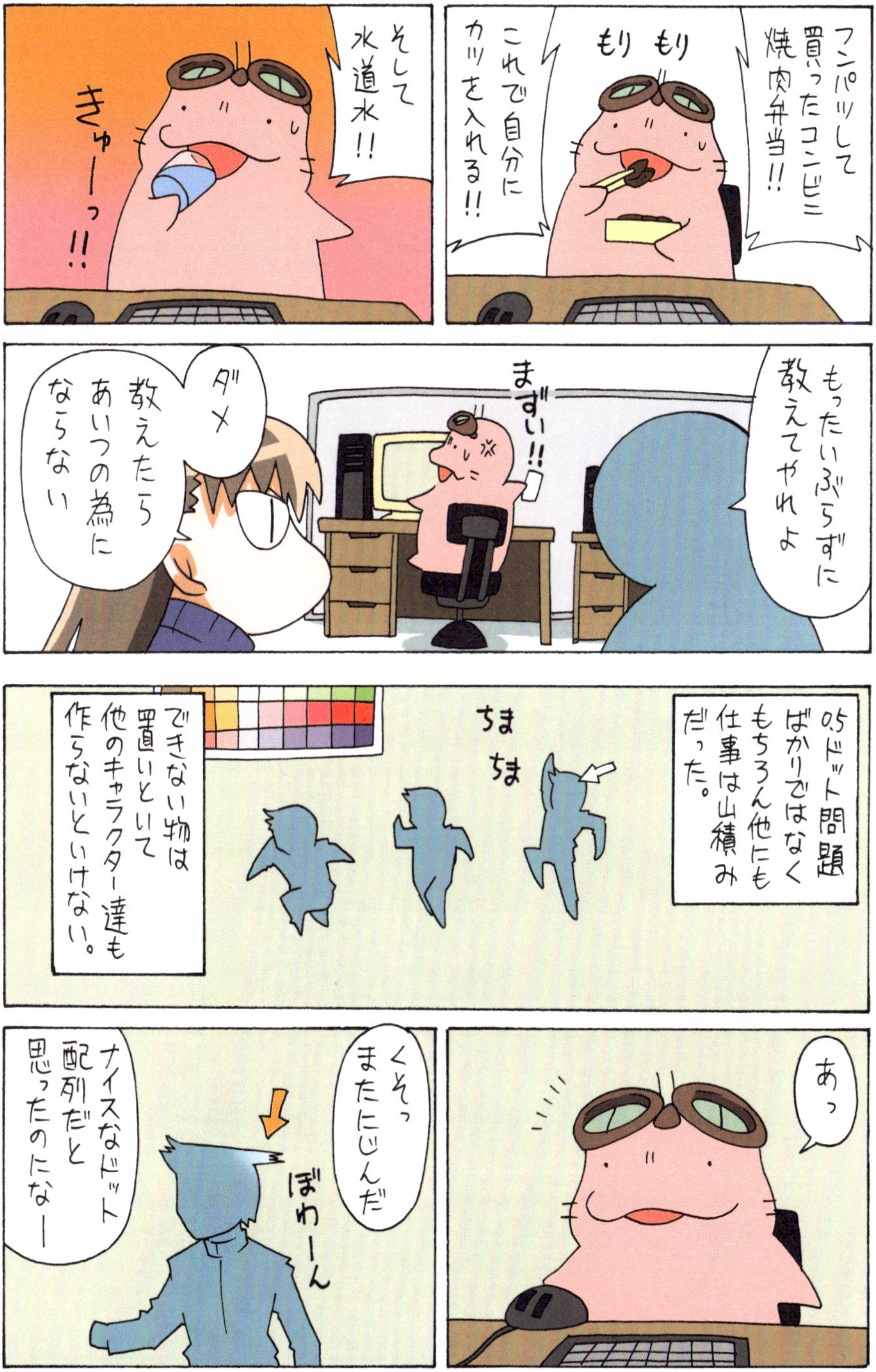
フンパツして買ったコンビニ焼肉弁当!!
もり もり
これで自分にカツを入れる!!
そして水道水!!
きゅーーっ!!
もったいぶらずに教えてやれよ
まずい!!
ダメ
教えたらあいつの為にならない
0.5ドット問題ばかりではなくもちろん他にも仕事は山積みだった。
ちま ちま
できない物は置いといて他のキャラクター達も作らないといけない。
あっ
くそっまたにじんだ
ぼわーん
ナイスなドット配列だと思ったのになー

ブラウン管テレビは本来四角であるドットがにじんで見える為それを計算に入れてドット絵を描かないといけない。
こういう形のドット配列でここに白を置くと
テレビ上ではこう見えたり
なんか知らんが横にのびたり
色の配列によってはパソコン上で見るのとまったく違う形でテレビに表示されたりするのでやっかいだ。
あーあーまた修正だ
この現象ほんとやっかいだ
ん…？
にじむ…？
にじむ…

あとのせサクサクって言うけどさ
あたしゃ先のせトロトロ派
ジャー
岡さんできました
見てください
ずびー
俺の使った手法はこうだ
ドット自体を動かすのではなく動かしたい方向のドットの色を明るくした
ちょっと上がって見える
こうすると、ドットを動かさなくてもテレビ特有のにじみ現象により、わずかに動いて見える。

この手法により動きのぎこちなさがなくなり
にゅるん
にゅるん
よりスムーズなアニメーションが作れるようになった
で…どうでしょうか
まだまだだけど
まーまーかな
よしっ!
ぐっ
のびちゃった
ずずー

ぺたぺた
よしっ
今週の課題おわり
さてと

翌日
うん、なかなか良くなってきた
線も丸くやわらかくなってきたね
岡さんお願いがあります
ん?
俺にフォトショップを使わせてください
私はだめだと言った
でも使わせてください

安易に機械の機能に頼ったりはしません
ボタンひとつで機械が勝手に描いてくれる機能なんて論外です
描くのは最大限自分の手で描きます
機械に使われるのではなく使いこなす新しい画材としてフォトショップを使用したいんです
……

よかろう
許可する
その後、俺はフォトショップを使いパソコンで絵を描き始めた

自分で描いた絵をインターネットで公開し
ラノベ
それを見た出版社の人から小説の挿絵やイラストの仕事を発注されるようになった。
それから俺はドット打ちの仕事をやめゲームの原画の仕事を手がけるようになった。
少年エース
エース
漫画の連載もやった。
おー
自分がキャラデザを務めたゲームがTVアニメにもなった。
そして時代は流れ
PS2
Wii
PS3
高精細スマホゲームの台頭
ゲーム機は更なる進化を遂げ、あの頃苦労した16色やら絵の枚数制限やらは過去の技術となりいくらでも贅沢なグラフィック表現ができるようになった。

あれから16年
俺は今でも絵の仕事を続けている。
ぺたぺた
あの時兄貴に言われなかったらきっと今ごろはただの近所の絵の上手いおっさんだっただろう。
東京に行け!!
兄
岡さんと出会わなければ
あの頃の技術は今は必要ない時代になったけど
あの頃に教えられた心意気を胸に刻んでなかったら、きっとここまで続ける事はできなかった。

あれから
岡さんとは
会っていない。
どこで
どうしてるかも
わからない。
あの頃は
言えなかったけど
今言います。
先生
ありがとう
ございました。

あとがき

「あんたはエッセイ漫画を描きなさい」

こんな事をある日嫁さんに突然言われ「この人は何を言ってるんだろう」と思いました。ちょうどその時期は長年勤めていたゲーム会社を辞め、あちこちに営業をして、フリーのゲーム原画家としてやっていく準備をしていたところでした。そのときは適当に聞き流していました。当然です。収入が不安定どころか仕事が入るかもわからない独立の準備をしていたのですから、やったこともないエッセイ漫画など描いている余裕はありません。それでも嫁さんは何度も何度も「エッセイ漫画を描け」と主張してきました。嫁さんは俺がときどき、お遊びで描いていた漫画風のイタズラ描きが大好きだったんです。

「あんたのエッセイ漫画が本になったら私は読む、他にも読みたい人はいるはず」

半べそまでかいて、お願いをされました。結局こっちが折れて、ブログで日記漫画を始めることにしました。すると予想以上に好評で、想像以上にアクセスも増え、なんとブログ開設10日で書籍化のお話までいただいてしまいました。

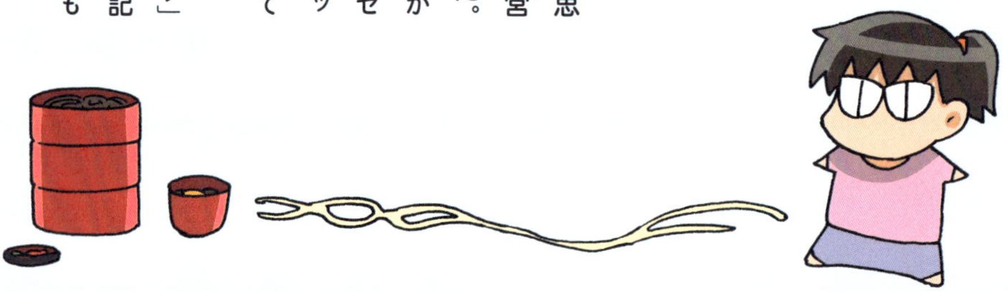

この漫画の成分は、半分が俺、もう半分はうちの嫁さんでできています。毎日8コマ漫画一本のコンテを描いたら、まず最初に嫁さんに見てもらいます。その時点でボツになるものもたくさんありました。まずは嫁さんに面白いと思ってもらえないとダメなのです。この漫画は元々、嫁さんの為に描き始めたものですから。

そんなこんなで、ついに単行本になりました。書籍化を持ち掛けていただいたエンターブレインの清水さん。『まんぷく遊々記』を素敵なデザインで彩っていただいたデザイナーの芥さん。推薦コメントを書いていただいた緒方恵美さん。そしてこの本を買っていただいた全てのみなさん。

本当にありがとうございました。

ブログもほぼ毎日更新してるからよろしくね!!

片倉真二

ハっちゃん

えだまめ

うに

まんぷく遊々記

2013年9月12日 初版発行

著　者　片倉真二
発行人　浜村弘一
編集人　青柳昌行
編　集　ホビー書籍部
編集長　久保雄一郎
担　当　清水速登
装　丁　芥 陽子（note）

発行所　株式会社エンターブレイン
〒102-8431
東京都千代田区三番町6-1
TEL：0570-060-555（代表）
発売元　株式会社 KADOKAWA
〒102-8177
東京都千代田区富士見2-13-3

印　刷　大日本印刷株式会社

定価はカバーに表示してあります。

ISBN 978-4-04-729043-3
JASRAC 出 1309278-301

本書の内容・不良交換についてのお問い合わせ先
エンターブレインカスタマーサポート
電話:0570-060-555
受付時間:土日祝日を除く 12:00 ～ 17:00
メールアドレス:support@ml.enterbrain.co.jp

ブログ『まんぷく遊々記』　http://dekuchin.com/